就业技能培训新模式教材

美容

本书编写组 编写

李娟 审稿

中国劳动社会保障出版社

图书在版编目（CIP）数据

美容 / 本书编写组编写. -- 北京：中国劳动社会保障出版社，2024
就业技能培训新模式教材
ISBN 978-7-5167-6261-5

Ⅰ.①美… Ⅱ.①本… Ⅲ.①美容 - 职业培训 - 教材
Ⅳ.①TS974.1

中国国家版本馆 CIP 数据核字（2024）第 036852 号

中国劳动社会保障出版社出版发行

（北京市惠新东街 1 号　邮政编码：100029）

*

河北品睿印刷有限公司印刷装订　　新华书店经销

880 毫米 ×1230 毫米　32 开本　7.25 印张　170 千字
2024 年 10 月第 1 版　2024 年 10 月第 1 次印刷
定价：22.00 元

营销中心电话：400-606-6496
出版社网址：http://www.class.com.cn

版权专有　　侵权必究

如有印装差错，请与本社联系调换：（010）81211666
我社将与版权执法机关配合，大力打击盗印、销售和使用盗版
图书活动，敬请广大读者协助举报，经查实将给予举报者奖励。
举报电话：（010）64954652

Preface 前言

为深入实施人才强国战略、就业优先战略，健全完善终身职业技能培训体系，探索"互联网+职业技能培训"新形态，不断加强职业培训教材与数字资源供给，有效提高培训质量，满足开展就业技能培训需要，特别是开展线上线下混合模式职业技能培训的需要，中国劳动社会保障出版社组织编写了就业技能培训新模式教材。在教材的组织编写过程中，以就业技能需求为依据，贯彻"以就业为导向，以技能为核心"的理念，并力求使教材具有以下特点：

精。教材内容以就业必备技能为主线，按照说明书的方式编写，精选就业岗位操作必备的知识和技能，满足就业技能培训的需要，让学员在短期内掌握岗位所需技能，顺利上岗。

融。教材以纸数融合为特色，将数字化资源与教学内容有机融合，学员不仅可以按照教材内容一步步掌握知识和技能，还可以通过扫描二维码反复观看操作技能实例视频等数字资源，便于直观学习理解，逐步提高技能水平。

易。对教材内容的呈现形式进行了精心设计，采用图表、色彩等多元化的呈现形式，同时还设置了"注意事项""小贴士"等多个小栏目，以使内容更加丰富且易于理解。

就业技能培训新模式教材的编写是一项探索性工作，由于时间紧迫，不足之处在所难免，欢迎各使用单位及个人对教材提出宝贵意见和建议，以便教材修订时补充更正。

Contents 目录

模块一　美容岗位素养 1
　　学习单元一　美容岗位从业人员职业形象 2
　　学习单元二　美容安全卫生 8

模块二　美容基础 19
　　学习单元一　化妆品和美容仪器 20
　　学习单元二　人体皮肤 24

模块三　接待与咨询 35
　　学习单元一　接　待 36
　　学习单元二　咨　询 40

模块四　面部护理 55
　　学习单元一　面部皮肤护理 56
　　学习单元二　面部按摩 89

模块五 身体护理 103
学习单元一 手、足部护理 104
学习单元二 肩、颈部护理 117

模块六 美容化妆 125
学习单元一 化妆基本功训练 126
学习单元二 彩妆化妆品和化妆用具 135
学习单元三 基础化妆程序 148
学习单元四 化日妆 172
学习单元五 化职业妆 177

模块七 修饰美容 183
学习单元一 脱　毛 184
学习单元二 烫睫毛 199
学习单元三 美　甲 209

模块 一
美容岗位素养

学习单元一 美容岗位从业人员职业形象

一、仪表要求

仪表是指人的外表,包括容貌、服饰、姿态等,它是一个人精神面貌、内在素质的外在表现。作为美容岗位从业人员,专业的形象不仅能够赢得顾客的好感,还能使顾客产生信赖感,其仪表要求见表1-1。

表1-1 美容岗位从业人员仪表要求

项目	仪表要求	注意事项
面部	皮肤要洁净、润泽,化淡妆	注意皮肤清洁和保养,忌浓妆艳抹
头发	头发要梳理整齐,长发者工作时应盘发,刘海以不遮挡视线为最佳	头发保持清洁,不得油腻或有头屑、异味等
口腔	保持口气清新、无异味	工作前不吃葱、蒜、韭菜等有异味的食物
手部	随时保持清洁;指甲要经常修剪,不能留长指甲	工作时不戴戒指,不涂指甲油
着装	工作时应着工作服,并保持干净、整洁	为顾客做护理时,应佩戴符合要求的口罩

续表

项目	仪表要求	注意事项
鞋袜	选择舒服、合脚、软底的鞋并选择浅色的袜子，随时保持鞋袜干净、整洁、无异味	可选择肉色袜子

> **小贴士**
>
> 美容岗位从业人员应经常沐浴，确保无体味、汗臭味等，必要时可以适量使用清新淡雅的香水。

二、仪态要求

仪态是美容岗位从业人员素质、风度的外在表现之一。美容岗位从业人员要掌握正确的站姿、坐姿、走姿、蹲姿等，以塑造良好的仪态，其仪态要求见表1-2。

表1-2 美容岗位从业人员仪态要求

项目	仪态要求	图片示例
站姿	◎ 表情自然，双目平视，嘴微闭，颈部挺直，微收下颌，挺胸、立腰、收腹，臀部肌肉上提，双臂自然下垂于身体两侧，或双手轻轻相握置于小腹前侧，双肩放松稍向后 ◎ 双腿直立、并拢，脚跟相靠，左脚打开45°，右脚向前伸直，双脚呈"丁"字形站立，两膝稍微弯曲	

续表

项目	仪态要求	图片示例
坐姿	上身保持站立时的姿势，双膝靠拢或两腿稍分开，膝部与椅面基本平行，双脚自然平放于地板上，大腿与小腿形成90°直角，以脚支撑大腿的重量	
走姿	身体挺直，眼睛平视前方，肩膀自然下垂，保持站立时的姿势，双臂自然地前后摆动，摆动幅度不可过大，形成一种轻松的律动感	
蹲姿	两腿稍分开，背部保持挺直，以腿部及臀部的肌肉发力下蹲屈膝	

注意事项

※ 站立时，两脚不要离得太远，尽量以脚掌承受体重而不要以脚跟承受体重。
※ 坐的时候，上身保持挺直，有椅背时，下背部要贴住椅背，没有椅背时，则应坐满凳子。为顾客服务时，上身可稍向前倾。
※ 步伐要轻、稳、灵活。
※ 蹲下时，保持双脚平稳支撑在地面上，分散体重，避免体重在一个脚上，失去平衡。

小贴士

无论是坐姿还是走姿，其基础都是站姿，因此，要掌握姿势优美的要领，首先要练好正确的站立姿势，再练习坐姿和走姿就容易得多。

三、语言要求

1. 语音、语调、语速（见表1-3）

表1-3 美容岗位从业人员语音、语调、语速要求

项目	要求
语音	吐字要清晰，音量要适中，发音要标准，普通话要流利
语调	注意语调的轻重变化，对话语中需要强调的内容可以加重语调
语调	注意语调的停顿变化，句与句之间要有停顿、间歇
语调	注意语调的升降变化。根据想要表达的情绪调整升降变化，如亲切、热情、真挚、友善、喜悦等

续表

项目	要求
语速	语速要适中,节奏要控制得当

> **小贴士**
> ※ 在讲话过程中切忌吐字不清晰,缺乏热情。
> ※ 语调应柔和、悦耳,切忌说话没有停顿,使顾客插不上嘴;切忌语气不耐烦,带有责备、质疑感。
> ※ 语速切忌过快或过慢。

2. 礼貌用语

礼貌用语可以使顾客心理感受不一样。美容岗位从业人员在工作中应尽量使用请求式或商量式句式,如将肯定句式"请您稍等一下"改为"请您等一下好吗"。

3. 谈话技巧

(1) 谈话主题

美容岗位从业人员应尽量了解顾客的心理,根据顾客的不同情况选择合适的谈话主题,如美容化妆品、居家护肤知识、流行的服饰与发型,以及顾客的个人兴趣爱好。

> **小贴士**
> 避免谈及容易引起争论的话题,可以在谈话中保持适度的幽默感,但切忌拿顾客的缺点、缺陷开玩笑。

（2）谈话原则

1. 主动打开话题，谈话内容不单调
2. 少说多听，不争论
3. 耐心倾听，并给予理性的建议
4. 不谈论自己、顾客及他人的私事
5. 不背后议论人，特别是不评论同事的技艺
6. 不批评美容院
7. 当顾客倾诉心事时，应注意为顾客保密
8. 应使用简单、易懂、合适的言辞，避免使用俚语和粗话

（3）谈话礼仪

1）与顾客谈话时，目光应平视对方眼睛，并根据需要不时地与顾客进行目光交流，面带微笑。

2）谈话时，双手应自然地放在桌面上或身体两侧，切忌两手交叉抱在胸前。

3）在服务过程中，应引导顾客放松。

4）真诚地赞美顾客，不要批评顾客。

小贴士

※ 与顾客交谈时，切忌目不转睛地盯着顾客，以免使顾客感到紧张、不自在。

※ 谈话应适可而止，在顾客表示不愿意交谈时，不要喋喋不休。

※ 没有顾客时，也不得在休息间大声谈笑或聊天。

学习单元二　美容安全卫生

一、个人安全卫生

美容岗位从业人员应在各个环节严格遵守个人卫生和安全制度，以确保提供安全、健康和优质的美容服务，为顾客提供舒适、可信赖的美容体验。

工具和设备消毒

美容岗位从业人员应始终保持工作区域的干净、整洁。在服务每位顾客前后，应使用合适的消毒剂对工具、椅子、台面等进行彻底清洁与消毒，防止交叉感染。

衣着与防护

美容岗位从业人员应穿着干净、整洁的工作服，并根据需要佩戴适当的防护装备，如面罩、手套、围裙等。

手部卫生

美容岗位从业人员应保持双手洁净，在接触每位顾客前后用手部清洁产品（如洗手液）洗手，或使用免洗消毒凝胶、含75%酒精的消毒液等消毒双手。

个人健康

美容岗位从业人员应保持良好的个人健康状况,在患病时避免工作,以免传播疾病。

使用一次性用品

美容岗位从业人员应按照规范使用一次性用品,如纸巾、棉签等,以减少交叉感染的风险。

化妆品使用与过期检查

美容岗位从业人员应使用经过安全认证的化妆品,并定期检查化妆品的保质期,避免使用过期或质量不佳的化妆品。

二、美容院安全与卫生

1. 美容院的卫生要求

（1）卫生清洁要求

美容院的卫生应有专人负责,随时保持室内清洁,卫生清洁标准应达到眼看不乱,手摸无尘,整齐、干净、明亮。具体要求见表1-4。

表1-4 美容院室内卫生清洁要求

区域	具体卫生清洁要求
前厅	◎ 门窗玻璃干净、明亮,无水渍,无手印 ◎ 地面干净、整洁,无脚印、尘土、碎屑等 ◎ 展示区无灰尘、杂物,展示物品干净、整洁 ◎ 前台无杂物,背景墙清晰、整洁 ◎ 灯具干净、明亮,无灰尘 ◎ 电视机、饮水机等设备干净、整洁 ◎ 顾客等候区的宣传品及报架上的报刊、图书摆放整齐

续表

区域	具体卫生清洁要求
走廊、楼梯	◎ 走廊、楼梯干净，无杂物 ◎ 若有装饰物，装饰物应干净、整洁 ◎ 消毒柜外观干净、明亮，毛巾、浴巾摆放整齐，使用后及时清洁、消毒
护理间	◎ 有空调、换气扇、抽风机等换气设备，以保持室内空气清新，不得有异味 ◎ 灯具整洁，光照强度适中 ◎ 保持地面、墙壁、装饰物等清洁，地板、地毯上的脏物应随时清理 ◎ 美容床间距适宜，按标准摆放整齐，床下无杂物，床罩无污渍 ◎ 工具车、仪器设备、用品、用具等摆放整齐，保持洁净 ◎ 衣架上不得挂放员工私人物品 ◎ 垃圾筐要及时清理，里面的垃圾不得超过筐体积的1/3
浴室	◎ 有换气扇、抽风机等换气设备，以保持室内空气清新，不得有异味 ◎ 洗浴用品、用具应摆放整齐，使用后应及时更换 ◎ 室内应干净、整洁，做到地面、墙面、吊顶无水渍、碎屑、头发等 ◎ 垃圾筐要及时清理，里面的垃圾不得超过筐体积的1/3
配料间、消毒间	◎ 物品摆放整齐，垃圾及时清理 ◎ 用品、用具分类摆放整齐，使用后及时清洗、消毒 ◎ 洗衣机、消毒设备等保持干净，如有损坏应及时修理
休息室	◎ 有空调、换气扇、抽风机等换气设备，以保持室内空气清新，不得有异味；室内严禁吸烟 ◎ 有专人负责，物品摆放整齐，垃圾及时清理 ◎ 放置分类垃圾桶，按垃圾分类管理制度进行垃圾分类 ◎ 绝不能出现老鼠、跳蚤、虱子、苍蝇等
洗手间	◎ 有换气扇、抽风机等换气设备，以保持室内空气清新，不得有异味 ◎ 有专人负责，保持卫生整洁，提供冷热水、洗手液、纸巾等 ◎ 洗手盆、坐便器要每日消毒，拖把专用并及时清洗干净 ◎ 墙面、镜子保持干净无尘 ◎ 垃圾筐要及时清理，里面的垃圾不得超过筐体积的1/3

> **小贴士**
>
> 除室内卫生外，美容院的室外环境与卫生也不可忽视，招牌、门面、橱窗、入口、绿化带、垃圾处理区域及其他外部区域，也应定期清洁，保持干净、整洁、明亮，以提升美容院的形象。

（2）美容岗位从业人员操作卫生要求

1）毛巾使用卫生。毛巾必须一客一用。干净的毛巾必须存放于干净、密封的橱柜或消毒柜中。取放毛巾时，不得触及其他毛巾。拧毛巾时不得将水溅出盆外，在使用过程中应随时注意保持清洁。

> **小贴士**
>
> 若条件允许，美容院可以给顾客使用一次性床单、毛巾及浴衣。

2）手部清洁、消毒。为避免细菌感染及病毒传播，在操作前需进行手部清洁和消毒。

手部清洁应使用七步洗手法，口诀为：内、外、夹、弓、大、立、腕。

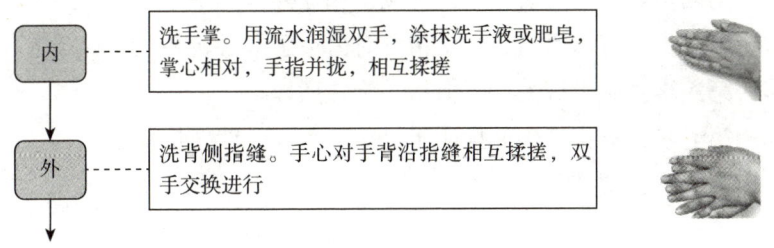

内：洗手掌。用流水润湿双手，涂抹洗手液或肥皂，掌心相对，手指并拢，相互揉搓

外：洗背侧指缝。手心对手背沿指缝相互揉搓，双手交换进行

美·容

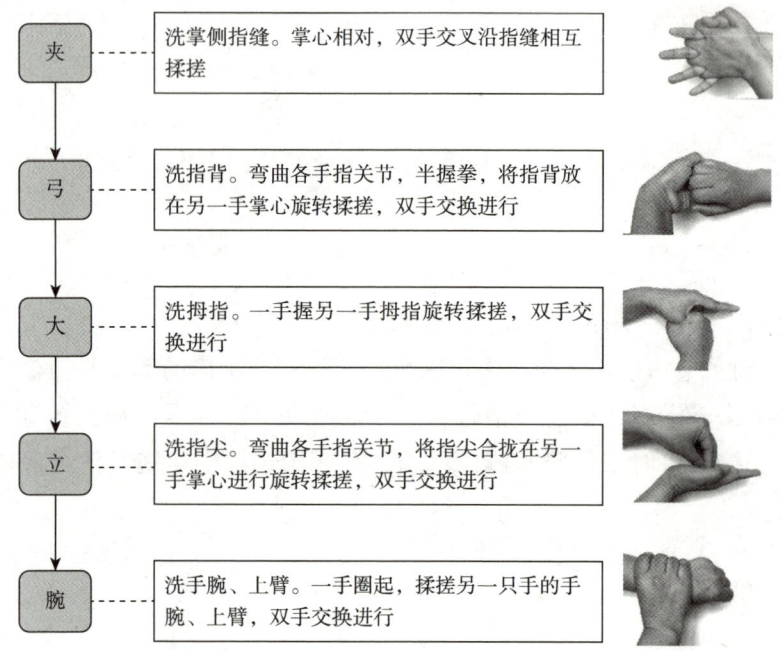

为避免细菌感染及病毒传播,美容岗位从业人员在操作前需进行手部消毒。消毒时可以选用 75% 酒精棉球、免洗消毒凝胶等消毒产品,下面介绍使用免洗消毒凝胶时手部的消毒步骤。

第一步:取适量免洗消毒凝胶于掌心,涂抹整个手部皮肤。

第二步:掌心相对,相互揉搓。

第三步:一手掌心对另一手手背,十指交叉,相互揉搓。

第四步:掌心相对,十指交叉,相互揉搓。

第五步:弯曲手指,一手指背对另一手掌心,相互旋转揉搓。

第六步:一手握另一手拇指,旋转揉搓。

第七步:五指指尖并拢贴于另一手掌心,旋转揉搓。

第八步:揉搓至干即可。

> **小贴士**
>
> 手部清洁、消毒后，在操作时应尽量避免触摸自己的脸部、头发或其他物品，如触摸过，需在再次接触顾客皮肤前将手重新消毒。

3）面盆使用卫生。盛水时，应盛至面盆的 2/5 处，轻拿轻放，不得将水溅在周围的地板及用品、用具上。面盆应一客一用，用后应及时清洁、消毒并归位。

4）美容用品、用具使用卫生。

> **美容用品、用具使用卫生**
>
> ※ 乳液、面霜必须保存在干净、密闭的容器内。
> ※ 在敷化妆水时，可以使用消毒棉片或化妆棉，取用后要立即盖好瓶盖。
> ※ 容器中的物品必须用消过毒的工具取用，手指不可触及容器口及内部。向有盖的容器内取用物品时，应将盖子内里向上置于稳妥处或拿在手中（盖的内里向下），手不可触及盖的边缘和内里。
> ※ 酒精棉球、棉片应用镊子夹取，不可触及容器周围。
> ※ 取出的用品若没有用完，不可再放回容器中。
> ※ 消毒棉片、纱布、棉签等使用后应立即丢入带盖的清洁桶或清洁袋内，不可重复使用。

5）美容仪器使用卫生。定期对美容仪器彻底清洁。每次使用仪器前后，要对仪器与皮肤接触的部位进行消毒，如超声波美容仪的声头、皮肤检测仪的探头等。

（3）器具消毒要求

消毒方法通常分为物理消毒法和化学消毒法两种。

物理消毒法包括煮沸消毒法、蒸汽消毒法、远红外线高温消毒法和紫外线高温消毒法。

化学消毒法是指使用化学制剂杀灭微生物或抑制微生物繁殖。常用消毒剂包括新洁尔灭、消毒灵、酒精、碘伏、过氧乙酸溶液、过氧化氢溶液等。美容院应选择刺激性较小、气味较淡、使用方便的消毒剂进行消毒。美容院常用器具、用品可选用的消毒方法见表1-5。

表1-5 美容院常用器具、用品可选用的消毒方法

器具、用品	对应的消毒方法
暗疮针	煮沸消毒法、远红外线高温消毒法、紫外线消毒法、化学消毒法（化学制剂选用酒精）
剪刀、镊子	煮沸消毒法、远红外线高温消毒法、紫外线消毒法、化学消毒法（化学制剂选用酒精、新洁尔灭）
玻璃器皿	煮沸消毒法、紫外线消毒法、化学消毒法（化学制剂选用新洁尔灭、消毒灵、酒精、过氧乙酸溶液）
海绵扑	紫外线消毒法、化学消毒法（化学制剂选用消毒灵）
面膜刷	紫外线消毒法、化学消毒法（化学制剂选用消毒灵）
调棒	紫外线消毒法、化学消毒法（化学制剂选用消毒灵、酒精、过氧乙酸溶液）
洗脸台	化学消毒法（化学制剂选用过氧乙酸溶液）
美容院探头	化学消毒法（化学制剂选用酒精）
干毛巾	紫外线消毒法
湿毛巾	煮沸消毒法、蒸汽消毒法、紫外线消毒法、化学消毒法（化学制剂选用消毒灵）
浴衣	煮沸消毒法、蒸汽消毒法、紫外线消毒法、化学消毒法（化学制剂选用消毒灵）
塑料、橡胶类用品	紫外线消毒法、化学消毒法（化学制剂选用消毒灵、酒精、过氧乙酸溶液）

2. 美容院的用电安全

随着科技的进步和美容仪器的更新和发展，越来越多的美容仪器进入美容院，为顾客提供了更高效的服务。美容仪器的使用离不开电，电在给我们的生活和工作带来便利的同时，也存在着诸多安全隐患，所以，美容岗位从业人员应该具备安全用电常识，避免发生安全事故。在工作中一定要注意以下安全用电事项：

（1）定期检查用电线路，确保不会因电线老化、接触不良等引起短路而引发安全事故。

（2）第一次使用仪器前，一定要仔细阅读使用说明书，了解仪器使用的额定电压和额定功率，不要接在超过额定电压的线路上使用。尽量避免使用插线板，若要使用，不要加载过多仪器，避免负荷过重。

（3）避免乱拉乱接电线，能固定的尽量固定，并做好绝缘。不能固定的临时接线，要提醒有关人员不要踩到电线或者被电线绊倒。

（4）使用仪器时，不要用湿手操作仪器，避免弄湿仪器的金属部分，也要避免水、油等渗入仪器。若仪器过热，应立即切断电源，检查原因，避免事故。

（5）用完仪器后，要先关闭电源，再拔下插头，并及时清洁，保持仪器清洁、干燥。

（6）使用仪器时，应有人看护，避免让顾客自己使用仪器，以免发生事故。

（7）若仪器故障，应由有资质的维修人员修理。

3. 美容院的消防安全

由于美容院内照明设备、美容仪器较多，如果使用不当或线路老化，容易造成局部过载或短路，从而引发火灾。另外，美容院内几乎都有指甲油、卸甲液、压力灌装溶胶、定型喷雾、香水、酒精等易燃物品,因此,美容院的消防安全工作十分重要。美容院消防安全内容及要求见表1-6。

表1-6 美容院消防安全内容及要求

消防安全内容	要求
消防设施设备	应安装和会使用消防设施设备,包括火灾报警器、灭火器、自动喷水灭火系统等,定期对灭火设施设备进行维护和检查,确保其正常运作
火灾逃生通道	确保美容院内的逃生通道畅通无阻,不得在通道上堆放杂物或障碍物;标明紧急出口,并定期检查其是否易于打开
培训和演习	定期对员工进行火灾应急处理培训,组织火灾逃生演习,以确保员工知道如何应对火灾紧急情况
电器安全使用	定期检查电线和插座是否损坏,确保正确使用和维护电器设备;避免在插座上过多插接电器,以防过载引发火灾
防火材料	在美容院内使用防火材料,如阻燃窗帘和家具,尽量避免大量使用木材、纤维织品等可燃材料,以降低火灾蔓延的可能性
避免使用明火	避免使用明火,确保通风良好,防止烟雾积聚,减少火灾和烟雾的风险

注意事项

※ 美容岗位从业人员应了解自己所工作的美容院的建筑结构及逃生路径,以便在发生火灾时能尽快引导顾客逃离。

※ 发生火灾时,如果火势不大,且尚未对人造成很大的威胁,应利用消防器材,如灭火器、消防栓等奋力将小火控制、扑灭,千万不要惊慌失措地乱叫乱窜,置小火于不顾而酿成大灾。

※ 突起火灾时，美容岗位从业人员要冷静地引导顾客选择正确的逃生方法。在撤离时，要注意朝明亮处或空旷地方跑，尽量背向烟火方向离开。
※ 高楼着火时，不可以乘坐普通电梯。

模块 二
美容基础

学习单元一　化妆品和美容仪器

一、化妆品

《化妆品卫生规范（2007年版）》中对化妆品的定义是：以涂抹、喷洒或者其他类似方法，散布于人体表面任何部位（皮肤、毛发、指甲、口唇等），以达到清洁、消除不良气味、护肤、美容和修饰目的的日用化学工业品。

1. 化妆品的分类

化妆品种类繁多，根据国家标准《化妆品分类》（GB/T 18670—2017）可以进行如下分类：按照功能分类，化妆品可以分为清洁类化妆品、护理类化妆品及美容/修饰类化妆品；按照使用部位分类，化妆品可以分为皮肤用化妆品、毛发用化妆品、指（趾）甲用化妆品和口唇用化妆品。

其中，清洁类化妆品是指以涂抹、洒、喷或其他类似方式，施于人体表面任何部位（皮肤、毛发、指甲、口唇等），达到清洁和修正人体气味、保养、保持良好状态目的的化妆品。

护理类化妆品是指以涂抹、洒、喷或其他类似方式，施于人体表面任何部位（皮肤、毛发、指甲、口唇等），起到保养、修饰、保持良好状态目的的化妆品。

美容/修饰类化妆品是指以涂抹、洒、喷或其他类似方式，施于人体表面任何部位（皮肤、毛发、指甲、口唇等），起到美化、修饰、芳香、改变外观、呈现良好状态目的的化妆品。常用化妆品归类举例见表2-1。

表2-1 常用化妆品归类举例

部位	功能		
	清洁类化妆品	护理类化妆品	美容/修饰类化妆品
皮肤	洗面奶（膏） 卸妆油（液、乳） 卸妆露 清洁霜（蜜） 面膜 浴液 洗手液 洁肤啫喱 花露水 洁颜粉 洁面粉	护肤膏（霜） 护肤乳液 化妆水 面膜 护肤啫喱 润肤油 按摩精油 花露水 痱子粉 爽身粉	粉饼 胭脂 眼影（膏） 眼线笔（液） 眉笔（粉） 香水 古龙水 香粉（蜜粉） 遮瑕棒（膏） 粉底液（霜） 粉条 粉棒 腮红 粉霜
毛发	洗发液 洗发露 洗发膏 剃须膏	护发素 发乳 发油/发蜡 焗油膏 发膜 睫毛基底液 护发喷雾	定型摩丝/发胶 染发剂 烫发剂 睫毛液（膏） 生（育）发剂 脱毛剂 发蜡 发用啫喱水 发用漂浅剂 定型啫喱膏
指（趾）甲	洗甲液	护甲水（霜） 指甲硬化剂 指甲护理油	指甲油 水性指甲油

续表

部位	功能		
	清洁类化妆品	护理类化妆品	美容/修饰类化妆品
口唇	唇部卸妆液	润唇膏 润唇啫喱 护唇液（油）	唇膏 唇彩 唇线笔 唇油 唇釉 染唇液

除此之外，根据《化妆品监督管理条例》化妆品分为特殊化妆品和普通化妆品。用于染发、烫发、祛斑美白、防晒、防脱发的化妆品以及宣称新功效的化妆品为特殊化妆品。特殊化妆品以外的化妆品为普通化妆品。特殊化妆品经国务院药品监督管理部门注册后方可生产、进口。国产普通化妆品应当在上市销售前向备案人所在地省、自治区、直辖市人民政府药品监督管理部门备案。

美容岗位从业人员在选用化妆品时要特别注意，所选用的化妆品应该为质量合格的合法产品。

2. 化妆品的保存方法

（1）防污染

化妆品使用后一定要及时拧紧瓶盖，尽量避免用手取用，做好防污染工作。

（2）防晒

化妆品不宜存放在阳光或灯光直射处，以免引起化妆品成分失效，对身体造成不良影响。

（3）温度适宜

化妆品储存温度不宜过高或过低，否则会影响化妆品质量。

（4）防潮

潮湿的环境易使化妆品发生霉变，因此化妆品的保存应该注意防潮。

（5）防挤压

注意防挤压，避免化妆品氧化或污染。

（6）防过期

注意化妆品的保质期，避免过期。

二、美容仪器

美容仪器是美容岗位从业人员进行美容护理的器械，通常需要经过专业的培训才能正确操作。美容仪器的分类见表2-2。

表2-2 美容仪器的分类

分类	仪器
检测仪器	美容放大镜、美容透视灯、美容光纤显微检测仪等
皮肤护理仪器	真空吸啜仪、阴阳电离子仪、高频电疗仪、超声波美容仪、冷热喷雾仪等

学习单元二　人体皮肤

一、皮肤的基本结构与功能

皮肤分为三层，由外向内依次为表皮、真皮、皮下组织，同时还含有皮肤附属器（如皮脂腺、汗腺、毛发、甲），并有丰富的血管、淋巴管、肌肉及神经，如图2-1所示。

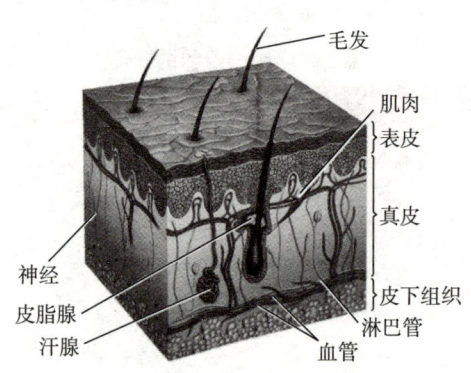

图2-1　皮肤的基本结构

1. 表皮的结构与功能

表皮从内向外分为五层，分别是基底层、棘层、颗粒层、透明层、角质层。表皮的基本结构如图2-2所示。

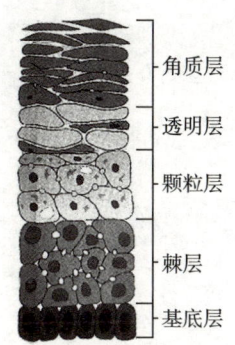

图 2-2　表皮的基本结构

（1）基底层

基底层又称生发层，是表皮的最底层，由一层柱状或立方体状的基底细胞排列而成，呈栅栏状，与基底膜带垂直。

> **关键点**
>
> ※ 基底层与皮肤自我修复、创伤愈合和瘢痕形成有着密切的关系。
> ※ 当皮肤出现创伤时，只要创面局限于表皮层，不突破真皮层，皮肤就能通过基底细胞的再生进行修复而不形成瘢痕。
> ※ 若创面突破真皮浅层，真皮结缔组织就会增生，修复创面，形成瘢痕。因此在进行磨削、激光等美容手术时，应注意操作深度。

（2）棘层

棘层位于基底层上方，由 4～8 层多角形细胞组成，细胞较大，细胞核呈圆形。棘层有感觉神经末梢，因此具有感觉功能。

(3) 颗粒层

颗粒层由一层或多层扁平状或梭形细胞组成。颗粒层能防止体外水分渗入，又能防止下层水分向角质层渗透。

(4) 透明层

透明层由 2～3 层复层扁平上皮细胞组成，具有防止水、电解质等物质通过的屏障作用。

(5) 角质层

角质层是表皮的最外层，具有防御致病微生物侵入、阻止水分与电解质通过、抵抗外界摩擦等作用。角质层与美容的关系极为密切，其完整的结构对维护皮肤屏障功能起重要的作用。

> **角质层完整的重要性**
>
> ※ 完整的角质层对酸、碱、紫外线等理化刺激有一定的耐受力，保持角质层的完整性非常重要。
> ※ 过度换肤、去角质会导致角质层过薄，破坏皮肤的屏障功能，使皮肤的防御功能减弱，易受外界不良因素的侵害，出现潮红、毛细血管扩张、老化等皮肤问题。

2. 真皮的结构与功能

真皮来源于中胚层，由纤维（胶原纤维、弹性纤维、网状纤维），基质和细胞组成。真皮具有增强表皮的屏障功能、保护皮下组织免受机械性损伤、维持内环境的稳定、保持皮肤弹性和张力的作用。

3. 皮下组织的结构与功能

皮下组织来源于中胚层，浅层与真皮相连接，深层与肌膜等组织相连接。皮下组织具有缓冲机械压力、储备能量、保温等作用，并参与体内脂肪代谢。

皮下组织的厚度随性别、年龄、营养及所在部位而异，并受内分泌调节。拥有适量的皮下组织可以体现女性的曲线美，但皮下脂肪过度沉积可使人体显得臃肿，形成肥胖。

4. 皮肤附属器

皮肤附属器包括皮脂腺、汗腺、毛发和指甲。

（1）皮脂腺

除掌跖和足背外，皮脂腺在全身皮肤中都有分布。皮脂腺可以合成并分泌皮脂。皮脂是多种脂类物质的混合物，主要含有饱和及不饱和的游离脂肪酸、甘油三酯、甘油二酯、胆固醇、蜡酯和角鲨烯等。皮脂腺分泌的皮脂和汗腺分泌的汗液经乳化后在皮肤表面形成的一层弱酸性保护膜，称为皮脂膜。皮脂膜可以保护、滋润、柔软皮肤，并可以抵御细菌，但易受碱和高温的破坏。

（2）汗腺

1）小汗腺。小汗腺位于真皮深层及皮下组织。小汗腺分布广泛，除唇红、鼓膜、甲床、乳头、生殖器等部位外，其他部位均有分布，以掌跖、腋窝、前额部位数量最多，头皮、躯干、四肢部位次之。

小汗腺分泌汗液，汗液由水分、无机盐和有机物构成，其中水分占 99%～99.5%，无机盐与有机物占 0.5%～1%。排汗可以调节体温，有助于机体代谢产物的排出，同时，与皮脂腺乳化成皮脂膜，有保护和润泽皮肤的作用。

2）大汗腺。大汗腺是指人的顶浆分泌的汗腺，形态与小汗腺相似，较小汗腺腺体大，分布于腋窝、会阴部、乳头以及脐周。大汗腺分泌物含有脂质、铁和蛋白质，容易经细菌分解后产生汗臭味。大汗腺具有排泄等作用。

（3）毛发

毛发被覆于皮肤表面，是重要的皮肤附属器。人体大部分都覆盖有毛发，而手掌、脚底、口唇、乳头和部分外生殖器部位没有毛发。毛发的粗细、长短、疏密与颜色随部位、年龄、性别、生理状态、种族等而有差异。

1）毛发的结构。毛发是由毛球下部毛母质细胞分化而来的，由毛干和毛根组成，突出皮肤表面的部分是毛干，生长于皮肤内的部分称为毛根，毛根生长于毛囊内。

2）毛发的分类。毛发分为终毛和毳毛。终毛又分为长毛和短毛。头发、腋毛等为长毛，如眉毛、鼻毛等为短毛。毳毛细软，色泽淡，没有髓质，多见于躯干。毛发的结构如图2-3所示。

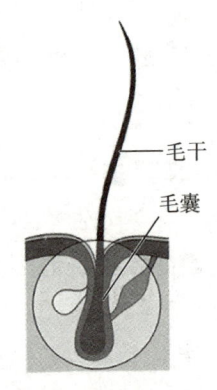

图2-3 毛发的结构

（4）指甲

指甲的作用是保护手指和脚趾的，被认为是皮肤的延伸，由角蛋白组成。手指甲平均每月增长0.3厘米，脚指甲则略慢些。指甲平均5～6个月更新一次，夏季要比冬季稍快。指甲是白色半透明的，光线可以透过。由于反射了指甲下甲床的血管，健康的指甲应呈现出光滑、亮泽的状态。手指甲如图2-4所示。

图2-4　手指甲

5. 皮肤中的血管、淋巴管、肌肉与神经

（1）皮肤中的血管

皮肤中的血管存在于真皮和皮下组织中，主要为真皮和皮下组织提供营养。

血管与美容的关系

※ 皮肤中的血管输送营养物质到皮肤组织，有利于皮肤健康，延缓衰老。
※ 皮肤中血管的扩张和收缩具有调节体温的作用。
※ 有些致病因素引起的毛细血管扩张可致局部皮肤形成红斑、红肿。
※ 血管壁破裂性病变可使红细胞等外渗，出现皮肤瘀斑、紫癜。
※ 长期皮肤内血液循环不畅或毛细血管扩张易导致皮肤敏感。

（2）皮肤中的淋巴管

皮肤中的组织液、游走细胞、病理产物、细菌等进入淋巴管后，有害物质可以在淋巴结内被吞噬消灭。

（3）皮肤中相关的肌肉

皮肤中最常见的肌肉是立毛肌，精神紧张和寒冷可引起立毛肌收缩。面部的表情肌和颈部的颈阔肌等横纹肌与皮肤相附着。在表情肌收缩时,皮肤在与表情肌垂直的方向上就会形成皱纹。长时间的重复性动作会使肌肉形成长久性收缩,是形成不可逆皱纹的主要原因。

(4) 皮肤中的神经

皮肤中的神经分布在真皮和皮下组织中,分感觉神经和运动神经两大类。皮肤中神经的分类和功能见表2-3。

表2-3 皮肤中神经的分类和功能

分类		功能
感觉神经	神经小体	接受触觉、温觉、冷觉、压力觉
	游离神经末梢	与痛觉、触觉、压力觉和温度觉有关
运动神经	面神经	支配面部横纹肌
	交感神经	支配立毛肌、血管、腺体
	胆碱能神经	支配小汗腺的分泌细胞

二、皮肤的生理特点与生理功能

1. 皮肤的生理特点

皮肤是人体最大的器官,成人皮肤面积为1.5~2平方米。皮肤是人体美的主要载体,尤其是头面部与四肢暴露部位的皮肤是人体外表美的主要体现。

(1) 皮肤的厚度

成人皮肤厚度为0.5~4毫米;眼睑、耳后皮肤较薄,约为0.5毫米;掌跖皮肤较厚,为3~4毫米。

（2）皮肤的颜色

皮肤的颜色因人而异，正常肤色主要由黑色、黄色、红色三种色调构成。皮肤的颜色和深浅取决于皮肤内黑色素和胡萝卜素含量的多少、真皮内血液供应的情况以及表皮的厚薄。每个人的皮肤颜色都有差异。良好的面部皮肤护理可以有效改善面部微循环，从而改善肤色。

（3）皮肤的表面结构

皮肤的表面有许多肉眼可见的细小沟纹，称为皮沟，其深浅、走向不一。

2. 皮肤的生理功能

人体皮肤参与维持机体平衡及机体与外界环境的平衡，其生理功能主要包括屏障功能、分泌和排泄功能、吸收功能、感觉功能、调节体温功能、代谢功能、呼吸功能和免疫功能等，具体见表2-4。

表2-4 皮肤的生理功能

生理功能	说明
屏障功能	皮肤可抵御外界机械性、物理性、化学性刺激和生物侵袭；皮肤对光线有吸收作用，可防止紫外线的伤害
分泌和排泄功能	皮肤可以分泌、排泄汗液，排泄水和某些无机盐等，皮肤中的小汗腺分泌汗液，皮脂腺分泌皮脂
吸收功能	◎ 完整的皮肤可吸收少量水分和微量气体 ◎ 皮肤对油脂类物质有较好的吸收作用，吸收力由强到弱依次为：动物油、植物油、矿物油
感觉功能	皮肤有感觉神经和运动神经，在受到刺激后会产生冷热觉、痛觉等，并引起相应的保护性反应
调节体温功能	当外界温度发生变化时，皮肤会起到调节体温的作用，使体温维持在一个稳定的水平

续表

生理功能	说明
代谢功能	皮肤组织参与人体糖、蛋白质、脂类、水和电解质的代谢
呼吸功能	◎ 皮肤有自我呼吸的功能,呼吸管道是毛孔和汗孔,其吸收氧气,排出二氧化碳,与肺的呼吸功能相类似 ◎ 皮肤呼吸量为肺呼吸量的1%
免疫功能	皮肤具有独特免疫功能,且与全身免疫系统密切相关

三、皮肤的类型

根据皮肤的水油比例,可以将皮肤分为四种类型,具体见表2-5。

表2-5 皮肤的类型

皮肤类型	特点
中性皮肤	◎ 皮肤水分、油分适中,光滑、细嫩、柔软,富有弹性,红润而有光泽,毛孔细小,纹路排列整齐,皮沟呈纵横走向 ◎ 夏季容易偏油,冬季容易偏干
油性皮肤	◎ 油脂分泌旺盛,额头、鼻翼有油光,毛孔粗大,鼻部有黑头,皮质厚、硬且不光滑,肤色暗黄,弹性较佳,不易衰老 ◎ 吸收紫外线后容易变黑,易脱妆,易产生粉刺
干性皮肤	皮肤水分、油分均不足,皮肤干燥,缺乏弹性,毛孔细小,脸部皮肤较薄,没有光泽,易脱皮,易长斑和皱纹,不易上妆,但外观比较干净
混合性皮肤	◎ 兼有油性皮肤和干性皮肤的特点,前额、鼻、口周、下巴等部位呈油性状态,眼部及脸颊呈干性状态 ◎ 多见于25~35岁青年

四、常见皮肤问题

不同类型的皮肤都会由于环境、身体状况的不同而出现各种问题。常见的皮肤问题有以下四类：

1. 老化

皮肤老化主要表现为出现皱纹、色斑，皮肤松弛、下垂，发生过敏等。其中，皱纹是皮肤老化的主要标志之一。皮肤老化主要是随着年龄的增长而出现的，主要表现为皮肤变白、出现细小皱纹、弹性下降、松弛等。当人经常熬夜，不常喝水，少吃蔬菜、水果，或者经常暴晒时，皮肤衰老会加速。尤其是日晒，日晒会造成皮肤松弛、粗糙、毛细血管扩张，出现皱纹，形成色斑等。

2. 痤疮

痤疮，是常见的一种毛囊皮脂腺的慢性皮肤病，多见于青少年，俗称"青春痘"。痤疮主要发生在面部，尤其以额部、鼻部、双颊、下颌为多，也见于背胸部。痤疮的发生主要与皮脂分泌过多、毛囊皮脂腺导管堵塞、细菌感染和炎症反应等因素密切相关。

痤疮的损害分为炎症性和非炎症性两种。痤疮的非炎症性皮损表现为开放性粉刺和闭合性粉刺。闭合性粉刺（又称白头）的典型皮损是约1毫米大小的肤色丘疹，无明显毛囊开口。开放性粉刺（又称黑头）表现为圆顶状丘疹，伴显著扩张的毛囊开口。粉刺进一步发展会演变成各种炎症性皮损，表现为炎性丘疹、脓疱、结节和囊肿。

3. 色斑

色斑指与周围皮肤颜色不同的斑点，包括黄褐斑、雀斑、老年斑等，属色素障碍性皮肤病。色斑是由于皮肤黑色素的增加而形成的面部呈褐色或黑色素沉着性、损容性的皮肤疾病，多发于面颊和前额部位。

（1）黄褐斑。黄褐斑俗称肝斑、蝴蝶斑，是一种常见于中青年女性面部的黄褐色或灰黑色斑，大小不一，形状不规则，可呈圆形、条形或蝴蝶形，边缘较清晰，不高出皮肤，常对称分布于颧骨、两颊、鼻、上唇和前额等部位。黄褐斑主要因女性内分泌失调、精神压力大，各种疾病以及体内缺少维生素、外用化学药物刺激等引起。色斑深浅与季节、日晒、内分泌因素有关，精神紧张、熬夜、劳累可加重皮损。

（2）雀斑。雀斑是一种常见于面部的褐色点状色斑，好发于面部，尤其是鼻和面颊等暴露部位，其颜色、大小、数量有明显的个体差异，并具有夏重冬轻的特点。雀斑一般为圆形、卵圆形或不规则形，针尖至米粒大小，颜色呈淡褐色至黑褐色不等，一般左右对称出现，表面光滑，互不融合。雀斑一般始发于3～5岁，其数目随着年龄的增长而逐渐增加。

（3）老年斑。老年斑是由于年龄增长皮肤自然老化引起的，一般会出现在脸部、手臂、腿部等部位，多为圆形或卵圆形的棕色斑块，稍高于皮肤。随着年龄增长，斑片会逐渐扩大，可能会影响美观。

4. 敏感

敏感皮肤是指抵抗力弱的皮肤，易受到各种因素的激惹而产生刺痛、烧灼、紧绷、瘙痒等症状，伴或不伴红斑、毛细血管扩张及脱屑等客观体征。敏感皮肤表面干燥、缺水，隐约可见毛细血管和不均匀潮红，时有痒感及小红疹出现，尤其是眼周、唇边、颈部等部位容易干燥发痒，多有过敏史。

模块 三
接待与咨询

学习单元一　接　待

一、美容院接待工作要求

美容院接待工作的内容主要包括顾客的接待沟通、电话接听、物品存取、顾客登记、档案整理等。美容岗位从业人员开展接待工作要符合下列要求。

1. 形象得体

接待时，美容岗位从业人员应保持形象得体，具体要求为：化淡妆、忌浓妆艳抹；头发整洁，束发，不可漂染成彩色；穿工作服，佩戴工牌；穿白色平底鞋，不可穿凉鞋、拖鞋。

2. 业务熟练

美容岗位从业人员应全面了解美容院所提供的服务项目及其特点、效果、价格等。

3. 环境整洁

美容岗位从业人员应整理好前台的工作环境，将顾客档案、宣传品、文具用品以及接待顾客用的茶水、点心准备妥当，并摆放整齐。

二、美容院接待服务流程

美容院接待服务流程为：接听预约电话→欢迎顾客到店→为顾客提供茶点→介绍美容院内的服务项目→填写"顾客皮肤分析表"→进行专业咨询、检测、分析→制定个性化护理方案→引导顾客进入美容护理间→进行专业护理→确认效果与感受→提供护理后建议和居家保养建议→服务流程结束→预约下次护理时间→欢送顾客离店→隔日进行电话回访。具体接待服务流程如下：

美容院接待服务流程

步骤1　接听预约电话
接听时先致问候语，自报美容院名称和自己的姓名。

步骤2　欢迎顾客到店
美容岗位从业人员身体与门成45°角，目光注视店外。要主动为顾客开门，同时行45°或15°的鞠躬礼。

步骤3　接受顾客咨询
咨询中美容岗位从业人员要专注聆听，态度亲切，表述委婉，保持自信。

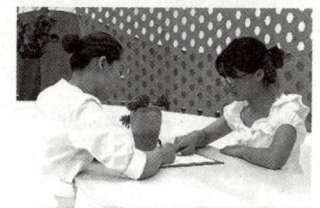

步骤4　介绍护理项目
介绍时用语要准确、简单、明了，结合专业知识，帮顾客分析皮肤，并填写"顾客皮肤分析表"。

美容院接待服务流程

步骤5　房间指引
引导顾客进入护理区域，至美容服务房间时，注意推、关门的动作，做好手势引导。

步骤6　指导
与顾客交流护理过程中的感受，给出护理后保养的建议，并预约下次护理时间，最后叮嘱居家保养注意事项。

步骤7　送客
引领顾客至门口，并送上道别的话语。

步骤8　电话回访
隔日应对顾客进行回访，了解护理后的效果，并提醒顾客做好居家保养。

三、填写"顾客皮肤分析表"

"顾客皮肤分析表"能全面反映顾客皮肤的相关信息，也可以为美容岗位从业人员选择合适的护理方案提供准确、详细的信息。

> **填写要求**
> ※ 填写前，向顾客讲清填写的目的，取得顾客的理解，不可强制记录顾客信息。

※ 详细询问并记录表上涉及的全部信息。
※ 填写时,要使用美容术语。字迹要清晰,内容要及时、准确、真实、详细。
※ 记录分析、检测的结果,提出相应的建议,如可提供的护理项目、护理程序和产品等。

管理要求

※ 按照编号顺序统一装订"顾客皮肤分析表",并将信息输入计算机客户管理系统。
※ 由专人管理或进行统一管理,以防遗失或被改动。
※ 遵守顾客信息管理制度,对顾客信息进行保密管理,不可随意让他人翻看。

扫码看文档

顾客皮肤分析表样例

学习单元二 咨　询

一、美容院顾客咨询内容和要求

在美容院，咨询服务是美容岗位从业人员与顾客建立良好关系的核心途径。咨询后，美容岗位从业人员可以根据每一位顾客的不同需求提供个性化的定制服务。

1. 顾客咨询的内容

顾客在美容院咨询的内容主要是美容服务项目的种类、内容（操作方式、产品使用和护理步骤）、疗程、效果及费用等。

2. 顾客咨询的要求

（1）专注聆听。在顾客咨询的过程中，美容岗位从业人员应时刻保持微笑和专注的眼神，并注意捕捉和明确顾客的需求。

（2）态度亲切。美容岗位从业人员在表现专业性的同时，也要用亲切的态度与顾客沟通，营造轻松的咨询氛围。

（3）表述委婉。美容岗位从业人员不要直接否定顾客认知上的偏差，应用委婉的语言再次举例或打比方进行说明，直至顾客理解为止。

（4）保持自信。美容岗位从业人员要运用自身的专业知识，推荐符合顾客需求的服务项目，积极引导消费。

（5）制定个性化护理方案。美容岗位从业人员应围绕顾客的需求和身体实际情况，为顾客合理制定个性化的护理方案。

二、介绍美容服务项目

美容服务项目是指美容岗位从业人员使用专业护肤品和专业美容仪器，运用科学的护肤方法、按摩手法，对人体皮肤进行全面护理和保养的过程。

1. 美容服务项目分类（见表3-1）

表3-1 美容服务项目分类

服务类型	项目名称	具体服务项目
面部服务	基础护理	清洁护理、保湿护理等
	损美性皮肤护理	祛斑护理、痤疮皮肤护理、祛皱护理、抗敏护理等
	特殊局部护理	唇部护理、眼周护理、颈部护理等
身体服务	全身护理	中式推拿护理、芳香按摩护理、经络按摩护理等
	局部护理	肩颈部护理、手足部护理等
	美体塑身护理	减肥护理、塑形护理、美胸护理等
特色服务	美睫	修饰睫毛、烫睫毛、接睫毛等
	脱毛	永久性脱毛、暂时性脱毛等
	美甲	基础修甲、甲油涂抹、贴片延长甲等

2. 美容服务项目推荐

美容岗位从业人员应根据顾客皮肤状况，重点突出地向顾客介绍美容项目。针对常见皮肤类型和皮肤问题的美容服务项目推荐可参考表3-2。

表 3-2 针对常见皮肤类型和皮肤问题的美容服务项目推荐表

皮肤类型	诉求重点	推荐的美容服务项目
中性皮肤	保湿和预防	清洁、保湿护理
干性皮肤	保湿和滋润	保湿、滋润护理
油性皮肤	清洁和控油	清洁、控油护理
混合性皮肤	综合护理	清洁、控油与保湿相结合的护理
色斑皮肤	祛斑和美白	祛斑、美白、保湿护理
痤疮皮肤	清洁、控油和祛痘	清洁、控油和祛痘护理
衰老皮肤	保湿和抗衰老	保湿、滋养、祛皱、紧肤等护理
敏感皮肤	补水和抗敏	保湿、镇静、抗敏护理

三、皮肤分析

皮肤分析是美容岗位从业人员通过肉眼观察或借助专业的皮肤检测仪器，对顾客皮肤的类型及存在的问题做出准确的判断。美容岗位从业人员可以通过皮肤分析了解顾客的皮肤状况，帮助顾客正确、客观地认识自己的皮肤，进而接受护理服务，增强顾客对美容院的信赖及对美容护理的信心。

1. 皮肤分析的基本程序

在顾客进行第一次护理之前，一定要进行皮肤分析。如果定期护理，也可以阶段性开展皮肤分析，以便检验护理效果，及时调整护理方案。皮肤分析的程序如下：

(1) 询问

按照"顾客皮肤分析表"的内容，以询问的方式让顾客进行相关介绍，并做详细的记录，为准确分析皮肤提供信息参考。

(2) 肉眼观察和触摸检查

对于未化妆的顾客，可直接观察顾客皮肤的颜色、毛孔的大小、纹理的状态、湿润性、光泽度，以及常见的皮肤问题（如痤疮、敏感等），直观判断皮肤的大致情况。此外，在征得顾客同意后，可用拇指和食指在局部做推、捏、按摩动作，仔细观察皮肤毛孔、弹性及组织情况，感觉其光滑程度。对于化妆的顾客，一定要先为其卸妆，彻底清洁顾客面部皮肤后再进行皮肤分析。

(3) 借助专业仪器检测

借助美容放大镜、美容透视灯、美容光纤显微检测仪等专业仪器检测顾客皮肤，能更加准确地判断顾客的皮肤状况。

(4) 分析结果，制定护理方案

将分析结果记录在"顾客皮肤分析表"上，按分析结果制定合理的护理方案，并将分析结果与护理方案（包括家庭护理方案），以及可能达到的效果和注意事项告知顾客。

2. 仪器检测皮肤的方法

借助仪器检测可以准确判断顾客的皮肤状况，常用的检测仪器主要有三种，各仪器的操作步骤、判断标准和注意事项见表3-3。

表 3-3 常用皮肤检测仪器的操作步骤、判断标准和注意事项

美容仪器	项目	详细说明
美容放大镜	操作步骤	◎ 洗净顾客面部，待其皮肤紧绷感消失后，用棉片遮住顾客的双眼 ◎ 将美容放大镜置于顾客皮肤前 ◎ 调整美容放大镜的角度和距离，观察顾客皮肤状况
美容放大镜	判断标准	◎ 若皮肤纹理不粗也不细，毛孔细小，则为中性皮肤 ◎ 若皮肤纹理较粗，毛孔较大，则为油性皮肤 ◎ 若皮肤纹理细致，毛孔细小，常见细小皮屑，则为干性皮肤
美容放大镜	注意事项	◎ 不宜将美容放大镜太靠近顾客，且操作前要向顾客说明，避免顾客产生压力 ◎ 打开环状灯前，先请顾客闭上眼睛，并在眼睛上盖好棉片，以免损伤顾客眼睛
美容透视灯	操作步骤	◎ 洗净顾客面部，待其皮肤紧绷感消失后，用湿棉片遮住顾客的双眼 ◎ 打开美容透视灯，观察顾客皮肤颜色
美容透视灯	判断标准	◎ 健康的中性皮肤呈青白色 ◎ 油性皮肤呈青黄色 ◎ 干性皮肤呈青紫色 ◎ 超干性皮肤呈深紫色 ◎ 粉刺皮脂部位呈橙黄色，粉刺化脓部位呈淡黄色 ◎ 色素沉着部位呈褐色、暗褐色 ◎ 敏感皮肤呈紫色 ◎ 面部老化角质呈白色 ◎ 灰尘或化妆品残留呈亮点
美容透视灯	注意事项	◎ 检测时间不要超过 2 分钟 ◎ 美容透视灯与顾客面部的距离不能小于 15 厘米 ◎ 不宜对有色斑的顾客进行长时间的紫外线照射 ◎ 使用美容透视灯前后，用 75% 的酒精对美容透视灯进行消毒

续表

美容仪器	项目	详细说明
美容光纤显微检测仪	操作步骤	◎ 将计算机成像系统打开,调整至检测界面 ◎ 用检测探头在顾客的皮肤上进行检测 ◎ 成像后进行观察
	判断标准	可以直接在计算机屏幕上看到顾客的皮肤情况
	注意事项	◎ 检测前要清洁顾客皮肤 ◎ 要结合计算机呈现的皮肤状况和分析结果,向顾客说明其皮肤状况,增加顾客的信任感 ◎ 在检测前后,对仪器进行消毒

注意事项

※ 皮肤分析要以顾客当时的皮肤状态为准。
※ 在判断顾客的皮肤类型时,若遇到不容易判断或兼而有之的情况,应根据最突出和最需要解决的问题选择护理方案。
※ 对于超出美容范畴的皮肤病,不要擅自诊断,以免误诊,应建议顾客及时就医治疗。

四、皮肤问题分析及护理建议

常见的皮肤问题主要有老化、痤疮、色斑、敏感四类,具体分析如下。

1. 老化

老化是指皮肤出现功能性退化,使得皮肤的防护能力、调节能力等减退，出现色泽、形态、质感等整体状况改变。

（1）皮肤老化的表现

外源性老化

※ 紫外线照射下，老化皮肤会出现老年斑或晒斑。
※ 皮肤粗糙，含水量下降，皮脂分泌减少，皮肤更易干燥、脱屑。
※ 皮肤防御功能和损伤后愈合功能下降，导致皮肤敏感。
※ 皮肤表面出现皱纹，皮肤松弛，弹性下降。
※ 血管改变，出现老年性毛细血管扩张或血管瘤等。

内源性老化

※ 皮肤表面纹路不清晰，肌肉萎缩。
※ 毛细血管扩张，肌肉松弛。
※ 指甲、毛发生长变慢。毛发变软、变脆，没有光泽，数量稀少。指甲灰暗，易折。

（2）皮肤老化的原因（见表3-4）

表3-4 皮肤老化的原因

因素	说明
年龄增长	年龄增长会导致皮肤的胶原蛋白含量减少，弹性纤维变脆，皱纹增加，原来的轻微细纹逐渐加粗、变深，甚至出现交叉。之后，皮肤逐渐下垂、松弛，甚至出现双下巴等
油脂分泌减少	年龄越大，油脂分泌越少，皮肤越易干燥、失去光泽，从而加速衰老

续表

因素	说明
紫外线照射	紫外线照射会引起皮肤松弛、皱纹增多，出现晒斑、老年斑、色斑等
护肤不当	使用不合适或劣质的化妆品，过度去角质和过度按摩等，会导致角质层受损，破坏皮肤屏障，加速皮肤老化
不良的饮食习惯和生活习惯	喜甜食、喜辛辣，吸烟、酗酒、熬夜、过度节食、缺乏锻炼等都会加速皮肤衰老
恶劣的生活环境	空气污染、空气干燥、强冷刺激等都可能导致皮肤老化

（3）延缓皮肤老化的化妆品选择

1）防晒化妆品。使用具有防晒功能的化妆品对预防老化有一定的功效。

2）滋润补水型护肤品。滋润补水型护肤品含有一定量的果酸、透明质酸、壳聚糖、类神经酰胺等，不仅能保湿，还可以在皮肤表面形成一层润滑膜，防止水分蒸发。

3）修护型护肤品。修护型护肤品一般含有具有淡化色斑、抗敏等功效的成分。

（4）皮肤老化的护理方法

皮肤老化的主要表现是皱纹和色斑。皱纹和色斑一旦产生就很难去除，因此应将护理重点放在预防和保养上。

1）清洁方面。由于老化皮肤一般比较干燥，因此在每日清洁时应尽量使用滋润补水型清洁产品，且动作力度不宜过大，次数不宜过多。

2）选择护肤品方面。保湿产品和美白产品应一起使用，不可以单使用单一功效的产品。

3）饮食方面。应多食用一些富含维生素E、维生素C及维生素A的食物。

4）日常生活方面。要注意防晒，进行适度的运动，保证充足的睡眠，保持愉快的心情。

2. 痤疮

（1）痤疮的表现（见表 3-5）

表 3-5　痤疮的表现

痤疮表现	具体描述
粉刺	由于皮脂腺分泌过剩，老化角质细胞堆积过厚，导致毛囊堵塞而引起的局部隆起
丘疹	炎症性丘疹呈红色，肉眼观察可以看到丘疹高于皮肤表面，是表皮下产生的一个小而硬的肿块
脓疱	大小不一，其中充满了白色或淡黄色脓液，常为继发感染所致
结节	◎ 当痤疮进一步发展时，炎症会向更深处扩散，触摸皮损处会有较硬的异物感 ◎ 大部分结节突出皮肤表面，也有部分结节在皮下，不易察觉，但触之有异物感，并伴有痛感 ◎ 结节化脓破溃后，炎症通常会扩散到邻近的毛囊，愈合后常会留下瘢痕
囊肿	◎ 囊肿多为黄豆或花生米大小，按之常有波动感 ◎ 囊肿的发生部位较深，其中充满脓液和血液的混合物，当囊壁破裂时会有严重的炎症反应，痊愈后一般会有明显的瘢痕
瘢痕	炎症性皮损消退后，除常常遗留色素沉着、持久性红斑外，还会遗留凹陷性或肥厚性瘢痕

（2）痤疮的成因

内因

※ 生长发育。进入青春期后，雄激素水平升高，刺激毛囊皮脂腺分泌，皮脂排出增多，阻塞毛孔，面部痤疮出现。

※ 遗传。痤疮存在遗传倾向。

※ 皮肤屏障受损。过度清洁、使用皂基洁面乳、反复去角质等会导致皮肤屏障受损，皮肤水油平衡被破坏。
※ 细菌或真菌感染。
※ 幽门螺杆菌感染。
※ 妇科疾病。部分女性患痤疮与妇科疾病有关。

外因

※ 饮食不当。平时喜欢吃脂肪、糖类含量高的食物，易使面部痤疮形成或加剧。
※ 作息不规律。作息不规律、熬夜容易导致新陈代谢障碍，造成皮肤水分流失。长期熬夜还会导致内分泌失调，使面部出现痤疮，肤色暗淡。
※ 不当使用化妆品，容易导致毛孔堵塞，若在此基础上卸妆不彻底，则更容易发生面部痤疮。
※ 精神因素。精神紧张、压力过大会导致肾上腺皮脂激素变化，使皮脂分泌增加，增加发生痤疮的概率。
※ 环境因素。在污染较重的环境中，空气中的有害物质会侵袭人的皮肤屏障，容易引发痤疮。

（3）缓解痤疮的化妆品选择

化妆品中对痤疮有缓解效果的功能性成分主要有以下五种：

1）皮脂抑制剂。雄激素分泌过多导致皮脂分泌过于旺盛时，可以使用含有能抑制皮脂分泌的维生素 B_6 等成分的化妆品。

2）杀菌剂。化妆品中用到的杀菌剂主要是指甘草酸、壬二酸、过氧化苯甲酰等。

3）植物精油类。茶树精油、百合精油、紫草精油、薄荷精油、金盏花精油等具有祛痘功效。

4）中草药类。黄柏、连翘、大黄、龙胆草、牡丹皮等具有缓解痤疮的功效。

5）角质溶解剥离剂。包括硫黄、水杨酸、乙醇酸等。目前，水杨酸制剂常运用于痤疮的临床治疗。

（4）痤疮的护理方法

美容院只能处理非炎症性皮损，即开放性粉刺（黑头）和闭合性粉刺（白头）。处理前应征得顾客的同意，告知顾客会有一些疼痛，以获得顾客的信任和配合。在处理时，先用75%的酒精擦洗皮损处3遍，再进行针清（右手持美容针，先用针尖刺破皮损最薄处，再用环形器按压排出皮脂栓、脓液、淤血等内容物），最后用无菌喷雾进行湿敷。其他炎症性皮损必须到医院皮肤科进行治疗。

3. 色斑

（1）色斑的表现（见表3-6）

表3-6 色斑的表现

色斑表现	具体描述
黄褐斑	边缘呈锯齿状，在面部基本对称，斑片呈黄褐色或深褐色，大小不定，表面无鳞屑
雀斑	◎ 有针尖至米粒大小，表面光滑，不高出皮肤，互不融合，左右分布基本对称 ◎ 一般会出现在前额或鼻梁、脸颊处，偶尔会出现在颈部、肩部、手臂
瑞尔黑变病	◎ 发生于面部，常见于中年女性 ◎ 发病时伴有局部皮肤潮红、瘙痒及灼热感，逐渐发展成弥漫性褐色或深灰褐色斑片，边缘不清晰，其周边可见点状的毛孔性小色素斑点

续表

色斑表现	具体描述
炎症后色素沉着	◎ 呈深浅不一的褐色，散状或片状分布，表面平滑 ◎ 若局部皮肤长期暴露于日光中受热刺激，可见轻微毛细血管扩张现象

（2）色斑的成因

内因

※ 内分泌失调，雌激素可以促进酪氨酸的氧化作用，使色素增加。
※ 身体内部疾病，如月经不调、痛经、子宫附件炎、卵巢囊肿、慢性肾炎、肝炎、胃炎、结核病、肿瘤病等会造成色斑。
※ 长期服用含激素的药物（如避孕药）会导致产生色斑。
※ 某些色斑（如雀斑、色素痣等）与遗传有关。

外因

※ 紫外线辐射会促进形成黑色素，使皮肤颜色加深，并产生色斑。
※ 皮肤受损，产生炎症，经日晒后色素沉着。
※ 化妆品内重金属元素如铅、汞、银等超标，致色素沉着。
※ 偏食、挑食引起的营养不良，维生素（维生素A、维生素C、维生素E）缺乏都会导致色素沉着。
※ 睡眠不足、精神焦虑、疲劳过度等会导致色素沉着。
※ 手机、计算机、电视等产生的辐射对皮肤形成刺激，从而导致色素沉着。

（3）改善色斑的化妆品选择

色斑皮肤主要选择能改善色素沉着的化妆品，其作用原理不外乎抑制黑色素细胞的形成或在黑色素合成时进行隔断或阻碍。这类化妆品的有效成分包括果酸、水杨酸、烟酰胺等。

（4）色斑皮肤的护理方法

色斑皮肤常常伴有皮肤干燥、敏感等其他问题。色斑皮肤的护理方法主要有以下三种：

1）要保持皮肤充足的水分和油分，尽量做到水油平衡，从而有利于皮肤的综合性改善。

2）针对斑块区域，尽量选用美白祛斑产品，以淡化色斑，抑制黑色素形成。同时，在日常生活中要进行物理防晒和化学防晒，避免因日晒造成色素沉着。

3）要加强皮肤按摩。无论是使用补水产品还是美白产品，都要皮肤吸收才能发挥作用，按摩可以促进皮肤新陈代谢，加速血液循环，从而在一定程度上帮助淡化色斑。

4. 敏感

皮肤敏感是一种高度不耐受的皮肤，是易受各种因素的激惹而产生刺痛、烧灼、紧绷、瘙痒等自觉症状的多因子综合征，皮肤外观一般正常或伴有轻度脱屑红斑等症状。

（1）皮肤敏感的成因

> **内因**
>
> ※ 种族。不同人种的皮肤角质层厚度及细胞间的黏附力、黑色素的量和体积不同，皮肤敏感性也有差异。
>
> ※ 性别。一般女性皮肤对刺激更敏感，因为女性皮肤的pH值较高，对刺激的抵抗力较差。
>
> ※ 遗传。敏感皮肤个体大部分有敏感皮肤家族史。

※ 内分泌。内分泌失调会增加皮肤的敏感性。
※ 疾病。某些皮肤病可使皮肤敏感性增高,如特应性皮炎、脂溢性皮炎、鱼鳞病等。

外因

※ 化学因素。使用劣质的化妆品或长期使用碱性肥皂会导致皮肤敏感性增强。
※ 自然环境因素。过冷或过热的温度刺激,空气中的有害物质均会影响皮肤的敏感性。
※ 饮食与生活方式。辛辣刺激的饮食,长期抽烟、喝酒、熬夜等都会加重皮肤敏感性。
※ 心理因素。压力增加、情绪激动等常激发或加重皮肤敏感性。

(2)皮肤敏感的化妆品选择

皮肤敏感人群要注重的基本保养工作是补水,同时配合使用含有安抚、镇静功效成分的护肤品,以增加皮肤的含水量,加强皮肤屏障功能,减轻外界物质对皮肤的刺激。

(3)皮肤敏感的护理方法

对于一般的敏感皮肤,一是避免刺激,尽量减少蒸面、去角质、按摩等美容护理措施;二是可选用针对敏感皮肤设计的化妆品;三是可使用含有合适水油比例的保湿产品。

在生活上,要经常除尘螨,床垫、枕头、被子等可以用防螨套包裹;每周用 70 ℃以上的热水清洗寝具外套;将室内湿度控制在 50% 以下,以控制尘螨和霉菌生长;常清理卫生死角,因为霉菌易生长于高温、潮湿的环境中，如浴室、地下室等；空调滤网也需经常清洗。

五、面部皮肤护理方案制定

面部皮肤护理方案是美容岗位从业人员根据皮肤检测分析结果制定的，是美容岗位从业人员实施护理操作的准则和依据。

> **制定要求**
>
> ※ 根据顾客皮肤特点进行个性化设计，针对问题皮肤，应在面部皮肤基础护理的基础上做相应调整。
> ※ 注意操作步骤的合理性和科学性，以及操作方法的正确规范。

扫码看文档

面部皮肤护理方案样表

> **填写、保存、更新要求**
>
> ※ 对于填写完整的资料，应及时将其录入客户管理系统，并做好各项资料的存档和保密。
> ※ 在护理期间，应根据顾客皮肤的变化、护理项目的变更、重点问题的解决、产品的更换等，及时更新护理方案。

模块 四
面部护理

学习单元一　面部皮肤护理

一、面部护理概述

面部皮肤护理是指在科学美容理论的指导下，运用科学的方法、专业的美容技艺，使用美容仪器及美容护肤品维护和改善人体面部皮肤，保持良好的健康状态，延缓其衰老进程。面部护理有预防性皮肤护理和改善性皮肤护理两种。其中，预防性皮肤护理是针对非问题皮肤，利用清洁、按摩、美容仪器护理等方法维护皮肤的健康状态，具体包括补水护理、深层清洁护理、美白护理、抗衰老护理等。改善性皮肤护理是针对常见皮肤问题，如色斑、痤疮、衰老、敏感等，利用美容仪器、疗效性护肤品对皮肤进行保养和护理，达到改善皮肤状态的目的。

> **面部皮肤护理的作用**
>
> ※ 清洁作用。能有效清除皮肤深层污垢与老化角质，有助于保持毛孔通畅，减少粉刺、痤疮的形成。
> ※ 预防作用。有助于预防问题性皮肤形成，延缓皮肤老化，从而保持皮肤健康、年轻。
> ※ 改善作用。正确的面部皮肤护理有助于改善皮肤晦暗、粗糙、色素沉着等不良状况，从而保持皮肤健康、美丽。

※ 减压作用。正确的按摩手法、舒适的环境、轻松的音乐等，都有助于顾客放松神经、肌肉，舒缓压力。
※ 心理调节作用。经过面部皮肤护理后，顾客的不良皮肤状况得以改善，从而能增强顾客的自信心。

面部护理的一般流程如下，其中有些环节可以根据肌肤情况和顾客需求选择进行，如去角质并不是每次护理都要进行，仪器护理并不是每个顾客都会选择。面部按摩将在学习单元二介绍。

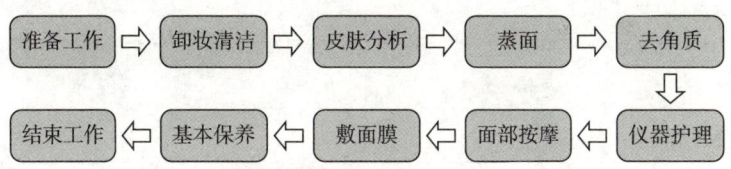

注意事项

※ 只有特定类型的皮肤才需要在面部清洁后借助仪器进行观察。
※ 去角质并非每次护理都要进行，如要进行，一般在蒸面之后、按摩之前进行。
※ 仪器护理可以根据护理的目的、种类调整顺序，在某些面部皮肤护理项目中，可以不进行仪器护理。

二、护理准备

做好面部皮肤护理前的准备工作，能在护理过程中最大限度地减少"非护理时间"，保证护理工作的流畅性和完整性。

1. 皮肤护理的准备步骤

皮肤护理的准备步骤	
 **步骤 1** 按要求检查自身仪容、仪表，戴好口罩。	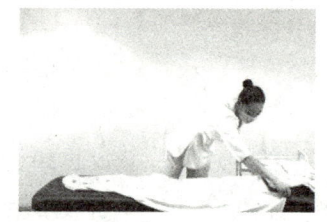 **步骤 2** 铺好美容床，准备好已消毒的毛巾。
 **步骤 3** 检查仪器、设备是否能正常运转。	 **步骤 4** 按"内外夹弓大立腕"的七字口诀，清洁、消毒双手。
 **步骤 5** 准备面部皮肤护理所需的美容工具和美容用品。	 **步骤 6** 对美容工具和美容用品进行消毒，并放在消毒过的托盘上。

皮肤护理的准备步骤	
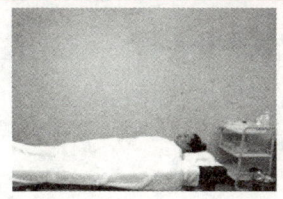 步骤 7 辅助顾客仰卧于美容床上,为其盖上美容被。	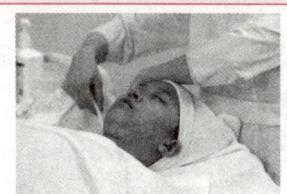 步骤 8 将枕头最上面的一条小毛巾从一侧沿着顾客发际线进行半边覆盖,另一侧用相同的方式进行另外半边覆盖,将额头发际线区域的毛巾由下层毛巾往上层毛巾方向翻折,梳理顾客头顶区域的头发,并将其弯折于毛巾内,完成包头。

2. 不同护理方案的仪器和用品、用具准备（见表 4–1）

表 4–1 不同护理方案的仪器和用品、用具准备

护理方案	仪器准备	用品（护肤品）准备	用具准备
保湿护理	冷热喷雾仪（热喷）	卸妆乳、洁面乳、去角质霜、保湿按摩凝露/精华、保湿面膜、保湿化妆水、保湿乳液、防晒/隔离霜	包头毛巾、消毒凝胶、干棉片、棉签、调匙、纸巾、酒精喷瓶（用于物品消毒）、分装碗、洁面盆、面膜刷、洁面巾等
美白护理	阴阳电离子仪、冷热喷雾仪（热喷）	卸妆乳、洁面乳、去角质霜、美白按摩凝露/精华、美白面膜、美白化妆水、美白乳液/霜、防晒/隔离霜	
控油护理	高频电疗仪、冷热喷雾仪（热喷）	卸妆乳、洁面乳、磨砂膏、按摩凝露/精华、控油保湿面膜、控油保湿化妆水、控油保湿乳液、防晒/隔离霜	
营养、抗衰老护理	阴阳电离子仪、超声波美容仪	卸妆乳、洁面乳、去角质霜、营养精华、营养保湿面膜、营养保湿化妆水、营养保湿霜、防晒/隔离霜	
抗敏护理	冷热喷雾仪（冷喷）	洁面乳、保湿按摩凝露、抗敏保湿面膜、抗敏保湿化妆水、抗敏保湿乳液、防晒/隔离霜	

三、面部清洁

面部清洁能去除面部皮肤表面的污垢、化妆品、皮肤分泌物及代谢废物,使皮肤保持清洁,从而预防各种皮肤问题的发生。面部清洁一般包含表层清洁和深层清洁两个层面。

> **相关链接**
>
> - 表层清洁。表层清洁是指常规的卸妆和洁面,即用卸妆产品和洁面产品将附着于皮肤表面的灰尘、油污、彩妆等清洁干净,是最常规的清洁方法。
> - 深层清洁。深层清洁是指运用含深层清洁成分的洁面产品及去角质产品,对毛孔中多余的皮脂、油垢及老化角质细胞等进行彻底清除。

一般面部清洁的步骤如下:

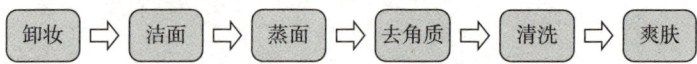

卸妆 ⇨ 洁面 ⇨ 蒸面 ⇨ 去角质 ⇨ 清洗 ⇨ 爽肤

其中,卸妆和洁面可以完成表层清洁,去角质完成深层清洁,去角质在蒸面之后进行。需要注意的是,避免频繁去角质造成皮肤过敏。特别是对于干性皮肤及问题性皮肤,一定要视皮肤情况再决定是否去角质,非必要时不进行去角质操作。

1. 卸妆

若长期使用化妆品却清洁不彻底,致使彩妆长期残留于面部,会造成皮肤毛孔堵塞、色素沉着等问题。因此,将面部彩妆,如睫毛膏、眼线液、眼影、唇膏、粉底等彻底卸除干净,是皮肤护理的第一个步骤。卸妆可以帮助皮肤保持正常的生理功能,避免因残妆产生皮肤问题。

(1)卸妆产品的选择

正确选择面部卸妆产品,有利于保护皮肤,调节皮肤的酸碱度、帮助皮肤发挥正常的生理功能。卸妆产品的选择见表4-2。

表4-2 卸妆产品的选择

类型	产品说明	适用范围
卸妆油	产品中的油性成分,用"以油溶油"的方式溶解油性彩妆和脸上多余的油脂	卸除较浓的妆,适合多种类型的皮肤
卸妆水	产品中的非水溶性成分与皮肤上的污垢结合达到卸妆目的	卸除较浓的妆,不适合干性且敏感皮肤
卸妆乳	溶剂型,具有更好的增溶和分散作用,对耐久性化妆品具有更好的清洁力	干性皮肤和中性皮肤
卸妆凝胶	能彻底卸除底妆,并去除毛孔深处的污垢,无须揉搓就能在皮肤上轻易延展开,能减少摩擦对皮肤产生的损伤	任何皮肤
卸妆啫喱	质感清爽,对皮肤造成的负担较小	干性皮肤、敏感皮肤
卸妆泡沫	能温和卸除皮肤上的彩妆并去除污垢	脆弱且容易过敏的皮肤
卸妆湿巾	卸妆效果相对较好,便携性强	旅行、露营、健身等不方便使用清洁产品和清水清洁面部的场合

（2）面部卸妆的操作步骤

面部卸妆的操作步骤	
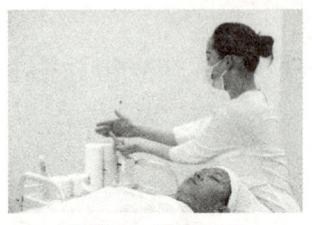 步骤1　消毒双手 严格按照卫生规范洗手、消毒，做到无菌操作，避免交叉感染。	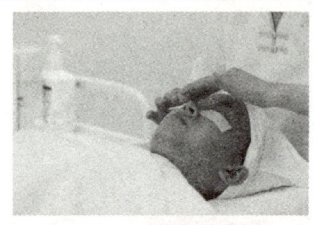 步骤2　清除睫毛膏及眼线① 将两块湿棉片对折，分别横放于顾客下眼睑睫毛根部。
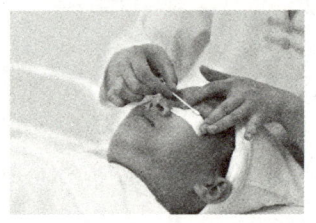 步骤3　清除睫毛膏及眼线② 左手按住湿棉片，右手用蘸有卸妆液的棉签顺着睫毛生长的方向由睫毛根部向外滚动。	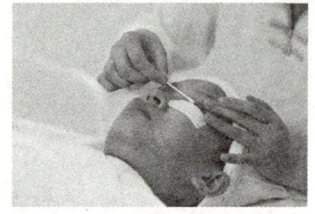 步骤4　清除睫毛膏及眼线③ 更换新棉签，蘸少量卸妆液，将上眼皮往上提，让眼线部位充分暴露，从内眼角向外眼角平拉，清洗上眼线。
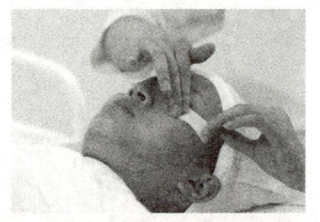 步骤5　清除睫毛膏及眼线④ 用拇指和食指夹住湿棉片，将湿棉片撤离眼睛下方。	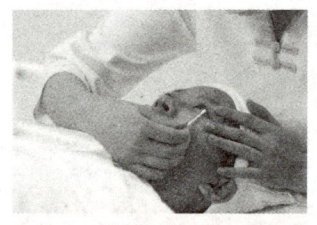 步骤6　清除睫毛膏及眼线⑤ 将顾客下眼皮略往下拉，用蘸有卸妆液的棉签从内眼角向外眼角平拉，清洗下眼线。

面部卸妆的操作步骤

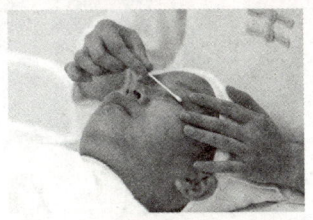

步骤7　清除睫毛膏及眼线⑥
用干棉签擦去残留的卸妆液和污渍。用相同方法清除另一眼的睫毛膏及眼线。

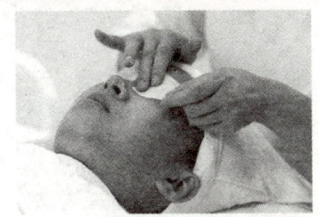

步骤8　清除眼睑、眉部彩妆①
将两块蘸有卸妆水的棉片，分别盖在左右两边的眼部和眉部。

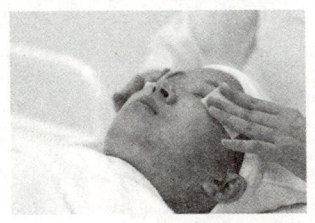

步骤9　清除眼睑、眉部彩妆②
两手持棉片同时向两边拉抹，清洁眼部和眉部，中指分力卸上眼皮，食指分力卸眉部。

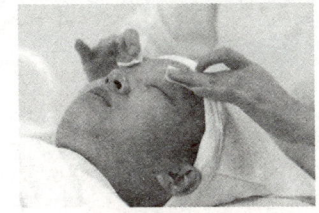

步骤10　清除眼睑、眉部彩妆③
将棉片对折，重复步骤9的手法。

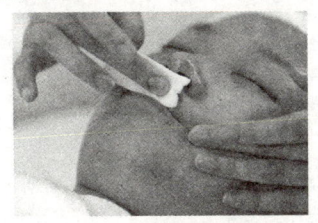

步骤11　卸除唇部彩妆
将蘸有卸妆液的棉片对折后放在嘴角处。左手按住左嘴角轻轻上提，以展开唇部皱纹。右手持棉片从左至右拉抹两遍。先下唇，再上唇。双手可以交替操作。

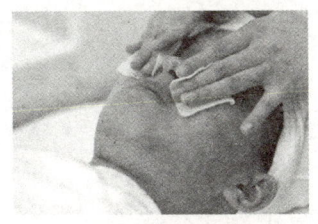

步骤12　卸除腮红
用棉片蘸取适量卸妆产品。用双手食指、中指固定棉片，分别放置于鼻翼上方，从鼻翼上方擦拭至太阳穴，卸除腮红。

面部卸妆的操作步骤

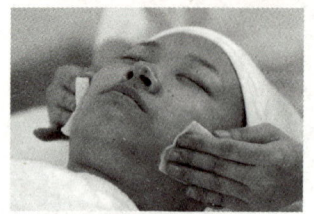

步骤 13　整脸卸妆

用棉片蘸取适量卸妆产品，由下向上、由内向外依次擦拭，卸除面部多余的彩妆。

注意事项

※ 卸妆产品用量需掌握好，避免过量或不足。

※ 卸妆水不需要用水乳化，直接使用即可。

※ 在使用卸妆油时，应使用干燥的棉签蘸取卸妆油进行涂抹。完成后再用湿棉片擦拭，乳化产品。

※ 在卸妆过程中，应注意力度把控得当，避免牵拉顾客皮肤，引起不适。避免卸妆产品流入顾客的眼、鼻、口中。

※ 若顾客妆容较浓，则可以进行二次卸妆，一定要确保卸妆彻底。

※ 在卸妆过程中，细小部位要清洁到位，避免遗漏。

※ 在眼部卸妆时，要垫棉片进行保护，避免造成眼部色素沉着。

※ 在唇部卸妆时，勿将口红抹在唇周皮肤上。

※ 卸妆操作时间不宜过长，控制在 3～5 分钟内完成。

※ 在卸妆结束后，要及时进行洁面。

模块四 | 面部护理

扫码看视频

全脸卸妆的操作程序与要求

2. 洁面

面部清洁能去除面部皮肤表面黏附的微生物、灰尘、污垢及各种刺激物,同时还能去除皮沟中堆积的污垢及皮肤排泄物。

(1)洁面产品的选择

正确选择洁面产品,有利于保护皮肤,调节皮肤的酸碱度,帮助皮肤发挥正常的生理功能。常用的面部清洁产品见表4-3。

表4-3 常用的面部清洁产品

类型	产品说明	适用范围
洁面皂	具有泡沫细腻、去污力强、易冲洗、用后干爽等特点,但用后皮肤易干燥、紧绷、无光泽	油性皮肤、混合性皮肤
洁面粉	在使用时要将粉末溶解,打出泡沫,清洗后肌肤非常细嫩,缺点是难以控制用量,没有辅助起泡产品很难打出均匀丰富的泡沫	敏感皮肤、干性皮肤
洁面膏	一种半固体状洁肤产品,主要利用表面活性剂的润湿、渗透、乳化作用去污,并通过水性原料与油性原料的渗透、溶解辅助去污,不仅可以深层去污,还可以保护和滋润皮肤	油性皮肤、混合性皮肤,适合夏天使用
洁面乳	洁面乳没有洁面膏质地黏稠,有细密的泡沫,质地温和,含有一定的保湿成分和护肤成分。洁面后皮肤上的残留物较少,对皮肤刺激小	中性皮肤和干性皮肤
洁面啫喱	呈黏稠状液体,清洁力较强,能够有效去除多余的油脂和污垢,清爽不干燥	油性皮肤、混合性皮肤

续表

类型	产品说明	适用范围
洁面泡沫	具有较强的清洁力、丰富的泡沫及良好的保护性，用后皮肤光滑、滋润、舒适、清爽且无紧绷感	各类皮肤

（2）洁面的操作步骤

洁面的操作步骤	

步骤1 消毒

操作前先清洁、消毒双手及手腕。

步骤2 取洁面乳

将适量洁面乳倒在消毒后的容器中。

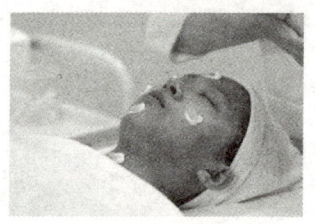

步骤3 点涂

用中指、无名指将洁面乳分别放置于顾客面部6个部位，即前额、双颊、鼻头、下颌部、颈部。也可以将洁面乳直接置于掌心打圈抹散后，轻轻涂抹于下颌、口周、面颊、鼻翼、鼻头、额头及颈部。

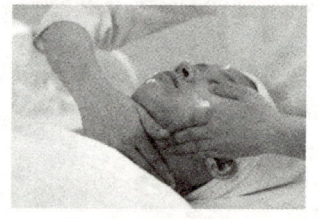

步骤4 清洁颈部①

从顾客的颈根部开始，双手四指轻柔地交替向上拉抹至下颌，往返两遍即可。

洁面的操作步骤

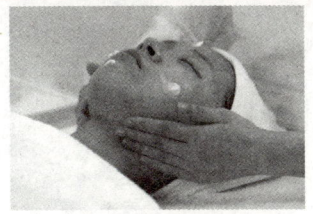

步骤5　清洁颈部②
双手四指沿下颌滑动至耳垂,再将手翻转以指背轻触皮肤,沿下颚线滑回至下颌。

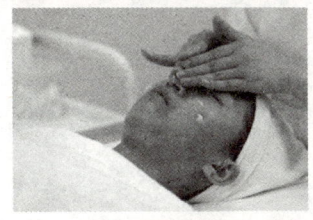

步骤6　清洁口周、鼻周、鼻部①
双手中指沿口周打半圈,再连至鼻翼周围打半圈。用中指指腹,以向下打小圈的动作按摩鼻翼及鼻头。

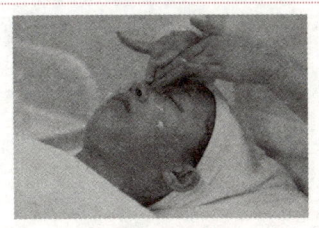

步骤7　清洁口周、鼻周、鼻部②
双手中指和无名指指腹在鼻梁及鼻侧上下交替滑抹至眉心,开始连接额部动作。

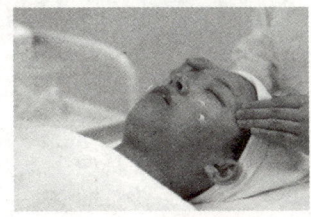

步骤8　清洁额部
用双手的食指、中指、无名指、小指四个指腹进行操作。分别以眉心、额中心、发际线中线为起点,由内向外分3行打圈至太阳穴处。

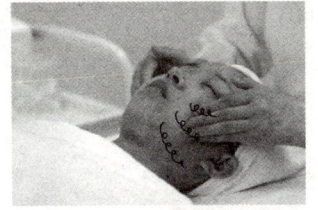

步骤9　清洁面颊及眼周
用双手的食指、中指、无名指、小指四个指腹进行操作。分别以下颌中部、两嘴角、鼻翼为起点,大致分3行向耳根、耳中及耳上部打圈清洁。

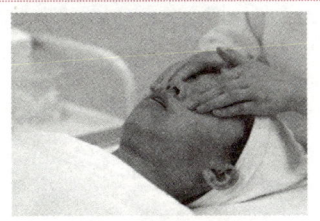

步骤10　清洁眼周
双手中指和无名指指腹沿眼眶(眉心、眉骨、眼下)由外向内打圈清洁。

洁面的操作步骤

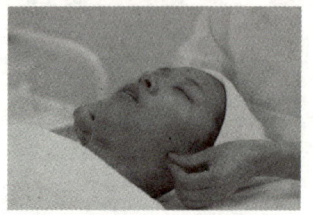

步骤 11　清洁耳部
最后清洁耳部。

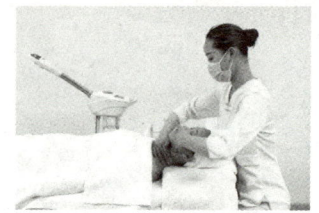

步骤 12　重复操作
重复操作以上步骤 3～5 遍，直至洁面乳与颈部、面部充分接触。

注意事项

※ 操作护理前双手需彻底清洁干净并消毒。
※ 在清洁过程中，避免遗漏发际线、下颌线和耳朵等部位。
※ 在清洁过程中，避免清洁产品流入顾客眼、鼻、口中。
※ 在清洁过程中，避免牵拉顾客肌肤，需根据肌肤纹理走向操作。
※ 清洁时间不易过长，控制在 3 分钟之内。
※ 清洁彻底，避免面部有残留物。
※ 洁面乳涂抹于面部之前，应使皮肤保持足够的水分，避免干搓。

扫码看视频

洁面的操作程序和要求

3. 蒸面

蒸面是面部护理实施过程中的重要步骤之一。蒸面可以促使毛孔张开,便于深入清洁毛孔里的污垢、油脂等,可以软化表皮坏死细胞,便于将其清除。蒸面还可以补充皮肤水分,增强氧离子的吸收与释放,加快血液循环,促进皮肤细胞吸收。为保证皮肤不吸收有害物质,蒸面操作一定要在洁面之后进行。

(1)蒸面仪器

蒸面用的喷雾仪一般分为普通喷雾仪和冷喷仪两种。普通喷雾仪也称奥桑喷雾仪。

1)奥桑喷雾仪。主要由蒸汽发生器和臭氧灯组成,可以通过加热产生普通喷雾,也可以在臭氧的作用下产生具有杀菌、消毒、消炎作用的奥桑喷雾。但是,色斑、敏感皮肤不能使用奥桑喷雾。

2)冷喷仪。可以通过超声波振荡使软化过的水形成大量含有负离子的微细雾粒,这些微细雾粒能降低表皮温度、收缩毛孔,对敏感皮肤有很好的镇静、消炎、消肿作用。

(2)喷雾护理的距离和时间

喷雾应从顾客的面部正上方向下喷射,喷雾仪喷口与顾客面部的距离一般在25~35厘米,其中油性皮肤可以稍低,在20~25厘米,中性、痤疮皮肤在25~30厘米,干性、色斑皮肤在30~35厘米,敏感皮肤不得低于35厘米。不同皮肤进行喷雾护理的类型和时间见表4-4。

表4-4 不同皮肤进行喷雾护理的类型和时间

皮肤类型	普通喷雾类型及时间	奥桑喷雾时间
中性皮肤	热喷,3~5分钟	1~2分钟
干性皮肤	热喷,8~10分钟	不超过3分钟或不用

续表

皮肤类型	普通喷雾类型及时间	奥桑喷雾时间
油性皮肤	热喷，5～8分钟	3～5分钟
痤疮皮肤	冷喷，3～5分钟	3～5分钟
敏感皮肤	冷喷，5～8分钟	禁用
色斑皮肤	热喷，10分钟	禁用

（3）蒸面的操作步骤

蒸面的操作步骤	
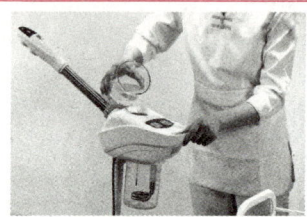 步骤1 向奥桑喷雾仪注入蒸馏水，水位要超过热传感器，但最高不超过烧杯的红色标准线。	 步骤2 在开启电源前，用含75%酒精的消毒湿巾消毒仪器。
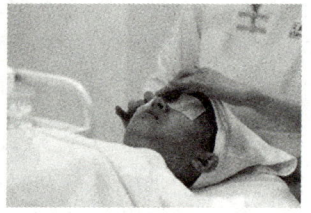 步骤3 打开普通蒸汽开关，约5～6分钟后便有雾状的普通蒸汽产生。在蒸汽出来前，用湿润的棉片将顾客的双眼保护好，以免眼周皮肤水分过度蒸发。在普通蒸汽产生后，如需要消炎、消毒，再按下奥桑蒸汽开关。	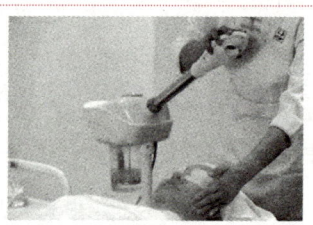 步骤4 根据顾客的皮肤情况，调整喷口与顾客皮肤的角度与距离，使蒸汽均匀地喷洒至顾客面部。热喷仪喷头通常放置于额头上方。

蒸面的操作步骤

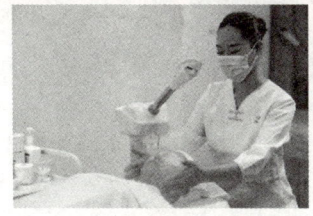

步骤 5
根据顾客的皮肤情况确定喷雾的时间，一般蒸面的时间是 3～5 分钟。

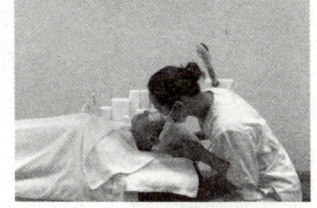

步骤 6
在蒸面过程中，可以轻声询问顾客对喷雾的感受。确认喷雾覆盖全脸，同时根据顾客感受，适当调整喷口的角度以及距面部的距离。

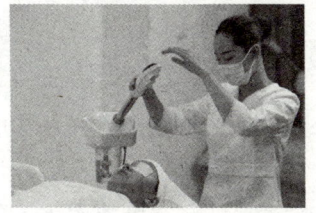

步骤 7
当蒸面时间到的时候，关闭开关，安全地将蒸汽喷口移除。

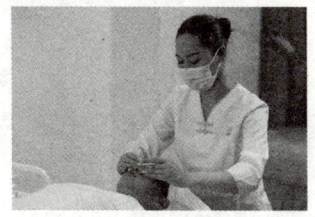

步骤 8
用覆盖眼部的棉片将顾客面部多余的水分吸除。

关键点

※ 蒸面操作一定要在洁面后进行。

※ 不要让蒸汽对着顾客的鼻子。

※ 色斑皮肤、敏感皮肤、毛细血管扩张皮肤均不宜使用奥桑喷雾，以免引起过敏或加重皮肤问题。

※ 在关闭蒸汽时，如开启了奥桑蒸汽，则先关闭奥桑蒸汽，过 1～2 分钟再关闭普通蒸汽。

扫码看视频

奥桑喷雾仪的操作方法及注意事项

4. 去角质

去角质就是借助化学或物理的方法去除堆积在皮肤表层老化或死亡的角质细胞，促进皮肤新陈代谢。去角质具有美白、改善皮肤粗糙、防止毛孔堵塞、促进皮肤吸收、刺激细胞新生等作用。

（1）去角质方式

1）物理性去角质（物理脱屑）。该方式是用物理的方法使老化角质细胞脱落，如用磨砂膏去角质。此方法的刺激性较大，适用于油性皮肤。

2）化学性去角质（化学脱屑）。该方式是将有机酸作用于角质细胞，使表层角质细胞软化或溶解后，通过轻轻搓揉的方式达到去角质的目的。

（2）去角质产品（见表4-5）

表4-5 去角质产品

产品名称	说明	适用范围
磨砂膏	一种在洁肤用品中少量添加磨砂剂而制成的清洁用品，通过与皮肤表面的摩擦作用，实现深层清洁的效果，为物理性去角质产品，刺激性大	油性皮肤
去角质膏	一种通过化学作用与生物作用清除皮肤表面死亡角质细胞的洁肤用品，可清除皮肤过多的油脂，增加皮肤弹性，加速皮肤的新陈代谢	正常皮肤、干性皮肤和衰老皮肤

（3）去角质（用去角质膏）的操作步骤

去角质的操作步骤	
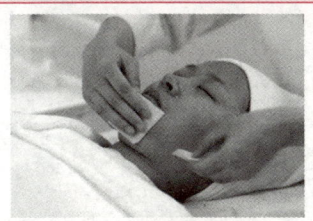 **步骤1　软化角质①** 在使用去角质产品前，通常需要进行蒸面。在彻底清洁顾客的面部肌肤后，将顾客面部稍微润湿。	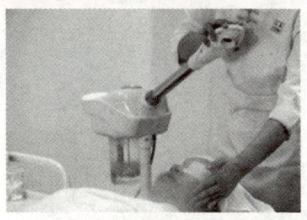 **步骤2　软化角质②** 用喷雾机蒸面或者用热毛巾敷脸软化顾客皮肤表面角质。在喷雾机蒸面时，顾客眼部需要覆盖湿棉片。热喷仪喷头通常放置于额头上方，使蒸汽均匀喷洒于面部。
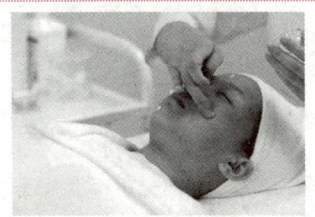 **步骤3　涂去角质膏** 取适量的去角质膏，以五点法分别点在额头、鼻部、下颌部及脸颊部位。	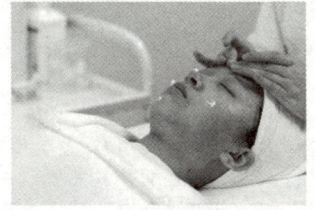 **步骤4　在额头涂去角质膏** 以打圈的方式从额头中间向太阳穴的方向轻轻按摩，力度要控制好。
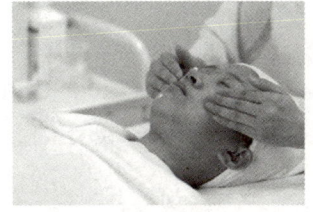 **步骤5　在脸颊涂去角质膏** 从鼻翼两侧向两颊的方向按摩打圈，注意要避开眼周皮肤。脸颊的皮肤比较薄，力度要轻柔。	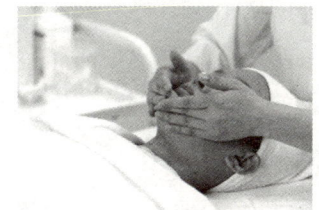 **步骤6　在下颌涂去角质膏** 从下颌往嘴角的方向按摩，在嘴角和下嘴唇的下方要增加按摩次数。

去角质的操作步骤

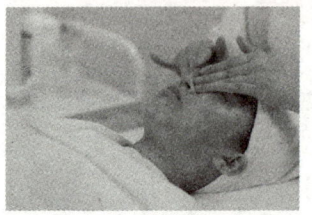

步骤 7　在 T 区涂去角质膏

T 区是脸上最容易出油的部位，用向上打圈的方法从额头向鼻尖轻轻按摩。鼻头要多按摩几次，鼻翼也不能遗漏。

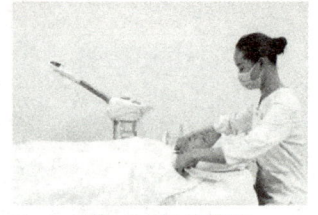

步骤 8　保护操作

在等待去角质膏变干的同时，重新将顾客的两耳包裹在毛巾里面，在顾客两耳前、颈部放置纸巾，以防后续过程中有碎屑掉入顾客的耳中、颈部。

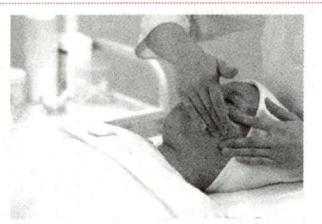

步骤 9　固定皮肤、拉抹去除角质

用左手食指、中指将皮肤绷紧，右手中指、无名指将绷紧部位的去角质膏拉抹去除。拉抹去除角质的操作按由下向上的顺序依次进行。

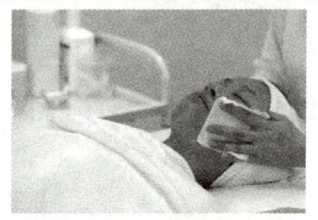

步骤 10　全脸清洗

先清洁双手，再用湿洁面巾对面部进行擦拭。在擦拭时，让洁面巾轻贴于顾客面部皮肤，由内向外依次擦拭干净。可以重复擦拭 2～3 遍。

注意事项

※ 去角质膏在面部的停留时间约为 5 分钟。去角质膏不要完全晾干，否则难以清除。

※ 去角质膏要涂抹均匀，不宜过多。

※ 去角质产品应根据皮肤情况具体选择，如油性皮肤可以选择磨砂膏。

※ 拉抹去除角质的时间控制在 3 分钟左右。
※ 在拉抹去除角质时，应根据肌肉纹理走向操作，避免反复揉搓损伤皮肤。

扫码看视频

去角质膏去角质的操作方法与技巧

5. 清洗

清洗就是用温水将混合着面部灰尘、分泌物、老化角质等的清洁产品彻底清洁干净的过程。卸妆、洁面、去角质的最后步骤都要进行清洗。清洗的操作步骤如下：

清洗的操作步骤	
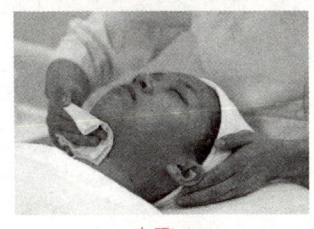 步骤 1 用湿洁面巾由颈部向上滑抹，洁面巾应尽量保持与顾客皮肤接触。喉咙处应避免用力。	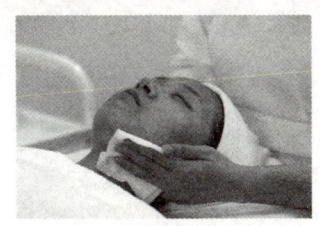 步骤 2 用湿洁面巾由下颌正下方沿下颌线滑抹至耳后，重复 2～3 次。

清洗的操作步骤	
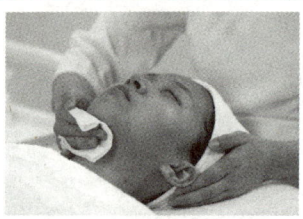 **步骤 3** 将湿洁面巾翻面在脸的另一侧重复以上动作。	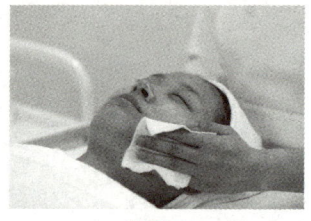 **步骤 4** 将湿洁面巾由下颌线开始向上，越过下颌至面颊后拉抹至耳根。
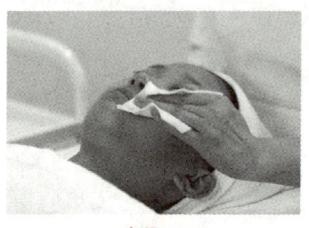 **步骤 5** 清洁鼻子正下方，拿湿洁面巾由人中部位开始擦向两旁至嘴角，再擦至耳部。	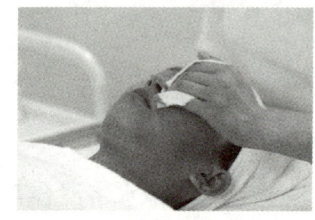 **步骤 6** 拿湿洁面巾由鼻梁开始以轻微向外的动作清洁鼻子侧面部分。
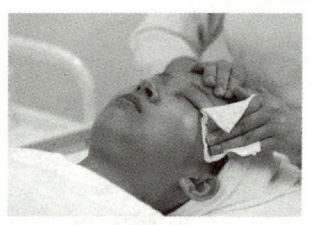 **步骤 7** 右手中指与无名指往上拉住眉毛，左手用湿洁面巾由内而外清洁上眼睑及睫毛。在清洁眼部时，应随时转动洁面巾，以干净没有使用过的部分做清洁，以免将污物带入眼睛。	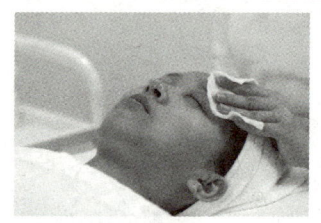 **步骤 8** 用湿洁面巾从额头中央微微用力拉抹移动至太阳穴。

模块四 | 面部护理

清洗的操作步骤

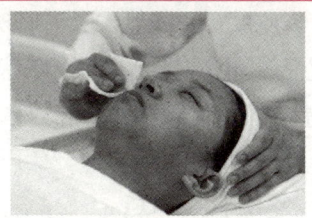

步骤 9

将湿洁面巾翻面后,在另一侧脸颊重复步骤 4 到步骤 8 的操作。

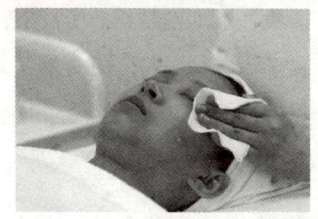

步骤 10

在清洗洁面巾之后,将湿洁面巾从内眼角平拉至外眼角,清除残留在眼角或睫毛根处的洁面乳。换手后,在另一侧重复该动作。

注意事项

※ 清洗操作时,先清洁双手。
※ 把控好洁面巾的含水量和水温。
※ 注意擦拭力度,避免过度用力牵拉顾客皮肤。
※ 注意眼、鼻、口部位细节的擦拭,避免水进入眼、鼻、口。
※ 清洁过程可多次重复,直至彻底清洁干净为止。
※ 注意清洁时及时更换操作用水。
※ 皮肤干燥有炎症的顾客需要双重清洁,可以使用保湿类面膜轻敷 5 分钟。

扫码看视频

清洗的操作程序和要求

6. 爽肤

爽肤的目的是再次清洁皮肤，调节皮肤的 pH 值，及时补充水分和营养。爽肤一般在清洁皮肤之后进行，也可视顾客的皮肤状态，在面部皮肤护理的各个环节后动态进行，以及时补充皮肤水分。

（1）爽肤产品的选择

爽肤产品即化妆水，也称爽肤水，是一种兼具清洁、收敛、营养等多种功能的液态护肤品，可以给皮肤的角质层补充水分，起到保湿的作用。其分类和适用范围见表 4-6。

表 4-6　爽肤产品的分类和适用范围

功能类型	作用	适用范围
柔软型	使皮肤柔软、湿润	适合干性皮肤
收敛型	抑制皮肤分泌过多的油分，还具有清洁、杀菌的作用	适合油性皮肤
清洁型	具有一定的清洁作用，也称洁肤水，主要用于卸妆、洁面后的二次清洁	适合浓妆卸妆后的各种皮肤

（2）爽肤的操作方法

爽肤就是使用棉片蘸取爽肤水，按照顺序对双颊、额头、下颌、鼻、口周部位擦拭，再以轻拍的手法按摩，使其渗透，促进吸收，增加皮肤弹性。

注意事项

※ 在使用棉片擦拭时，应选择柔软性强的棉片，避免给皮肤带来不适感。
※ 在轻拍时，要注意控制力度，避免发出拍打声音。

四、敷面膜

敷面膜能快速作用于皮肤，促进血液循环，直接迅速地给皮肤补充营养和水分，修护受损皮肤，增加皮肤的弹性与活力。

1. 面膜的种类

不同种类的面膜有不同的功效。从功效角度看，面膜主要分为三类，即清洁控油面膜、滋养保湿面膜和功效性面膜，每种面膜的功效见表4-7。

表4-7 各类面膜的功效

面膜类型		功效
清洁控油面膜		吸附毛孔内的污垢和多余油脂，去除老化角质，使皮肤清爽、干净
滋养保湿面膜		滋养表皮细胞，软化角质层，帮助皮肤吸收营养，适用于大多数类型的皮肤
功效性面膜	舒缓面膜	舒缓皮肤，消除皮肤的疲劳紧张感，帮助皮肤恢复光泽与弹性
	紧肤面膜	紧致皮肤、淡化细纹
	再生面膜	促进皮肤新陈代谢，帮助恢复皮肤的自身修复力
	美白面膜	淡化黑色素，清除老化角质，清洁、美白，使皮肤重现柔嫩光滑、白皙透亮

从性状看，面膜有凝结型面膜、非凝结型面膜、贴片面膜等几类，其具体功效及适用范围见表4-8。

表4-8 不同性状面膜的功效及适用范围

分类			功效及适用范围
凝结型面膜	硬膜	冷膜	◎ 收敛毛孔，调节油脂分泌 ◎ 适用于痤疮皮肤、油性皮肤、敏感皮肤

续表

分类		功效及适用范围
凝结型面膜	硬膜　热膜	◎ 增白，淡斑，促进血液循环 ◎ 适用于中性皮肤、干性皮肤、衰老皮肤、色斑皮肤
	软膜　补水滋养型	适用于干性皮肤、衰老皮肤
	控油清洁型	适用于油性皮肤
	美白型	适用于肤色不均匀皮肤
	抗敏舒缓型	适用于敏感皮肤
	可干撕拉式面膜	适用于油性皮肤的深层清洁
非凝结型面膜	膏状面膜	深层滋润和提供营养，使肌肤光滑柔软
	啫喱面膜	补充皮肤水分，去除污垢
	霜状水洗式面膜	高保湿、高营养
	睡眠免洗面膜	持续滋养、修复和恢复肌肤，让肌肤焕发光彩
	贴片面膜	迅速补充水分

2. 软膜涂敷的操作步骤

软膜涂敷的操作步骤	
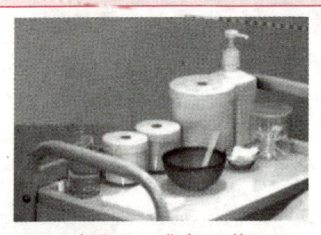 步骤1　准备工作 根据顾客的皮肤状况选择合适的软膜粉并准备好调膜工具等。	 步骤2　调膜① 将软膜粉倒入消毒后的调膜碗内，倒入蒸馏水，冬季时用温水。

软膜涂敷的操作步骤

步骤3　调膜②

左手托住碗底，右手执调膜棒快速进行同方向转圈搅拌，直至面膜呈无气泡、无颗粒的糊状。调膜动作要迅速，水量适中，应在15～20秒内完成。

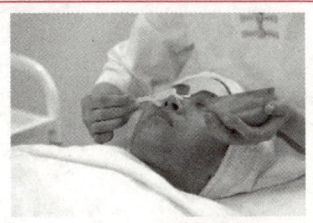

步骤4　涂敷面膜①

用软面膜刷或调膜棒将糊状软膜均匀涂于面部。涂抹顺序为：前额→鼻→双颊→下颌→口周→鼻底（唇上）。涂抹走向为从中间向两边、从上到下。涂敷时，避开眼周、眉毛、眼睑、鼻孔和唇部。膜面要光滑，厚薄均匀，能整膜揭下。

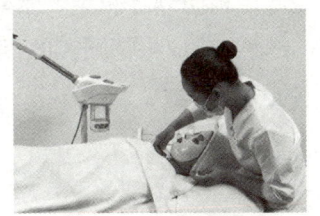

步骤5　涂敷面膜②

口周、眼周边缘应整齐，呈圆弧形。涂完用湿棉片擦去多余的面膜。

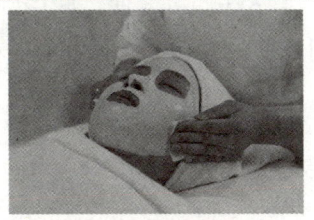

步骤6　卸膜①

面膜静置15～20分钟后卸膜。用湿棉片将面膜边缘打湿。

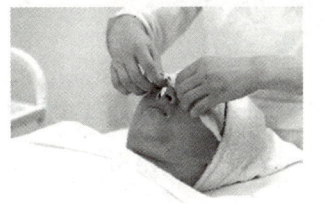

步骤7　卸膜②

沿下颌处的面膜边缘将面膜掀起，慢慢向上卷起，轻轻撕下。

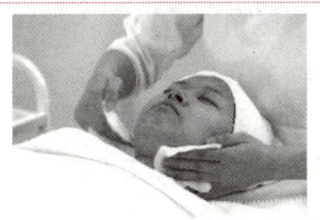

步骤8　清洗

用干净的温水浸湿洁面巾并适当控干，把残留在面部的软膜轻轻擦除。

> **注意事项**
>
> ※ 皮肤严重过敏者慎用。
> ※ 面部有创伤、烫伤，或面部有感染、发炎等皮肤症状者禁用。
> ※ 有严重的心脏病、呼吸道感染、高血压患者，在发病期间应慎用或禁用。
> ※ 涂抹时，前额横向涂敷，鼻部纵向涂敷，双颊由内向外涂敷，下颌横向涂敷。

五、基本保养

基本保养可以使皮肤得到更好的滋养，预防外界灰尘、紫外线等对皮肤的损伤。在操作时，美容岗位从业人员应根据顾客的年龄、皮肤类型及气候等环境因素，选用适当的护肤品。

1. 基本保养所需面部护肤品

基本保养所需的面部护肤品主要包括爽肤水、润肤乳/霜、防晒霜、精华液、眼霜等。其中爽肤水在前面已经介绍过了。这里主要介绍润肤乳/霜、防晒霜、精华液和眼霜。

（1）润肤乳/霜

润肤乳也称为乳液，多用于皮肤保湿补水，适合油性皮肤使用。润肤乳在补充水分方面的作用接近于爽肤水，保湿作用优于爽肤水，但比润肤霜差。

润肤霜也称面霜，是富含营养物质的膏霜，利于皮肤吸收，可保持皮肤水油平衡、柔软细腻。

（2）防晒霜

防晒霜是能吸收或散射紫外线，避免皮肤晒伤、晒黑，或减轻皮肤晒伤、晒黑程度的化妆品。在使用时，应根据季节、时间、场合等选择。

（3）精华液

精华液是一种含有功效成分的护肤产品，如植物提取物、神经酰胺、角鲨烷等，它的作用有防衰老、抗皱、保湿、美白、祛斑等。精华液的质地较轻薄，容易被皮肤吸收，并能够深入肌肤底层发挥作用。

（4）眼霜

眼霜是一种用于眼周皮肤的护肤类化妆产品，除了具有提升皮肤保湿、屏障功能外，有些产品因其添加相关功效性成分和活性物，而具有紧致眼部肌肤，缓解黑眼圈及改善皱纹、细纹的功效。

不同皮肤类型选择不同的护肤品。例如，干性皮肤应选择油包水型的含有高油脂、高营养素的膏霜类面部护肤品；对于油性皮肤，应选择水包油型的具有杀菌、收敛、消炎作用的乳或露类的面部护肤品。此外，有些护肤品还有特殊的功效，如保湿、美白祛斑、祛痘、抗衰老等，可以根据皮肤情况选择。

2. 基本保养的程序

基本保养的程序分为三步，即涂爽肤水、涂润肤乳/霜、涂防晒霜（日间护理可涂，晚间护理不涂）。此外，还可以增加有一定功效的精华液和眼霜，如下图所示。

美·容

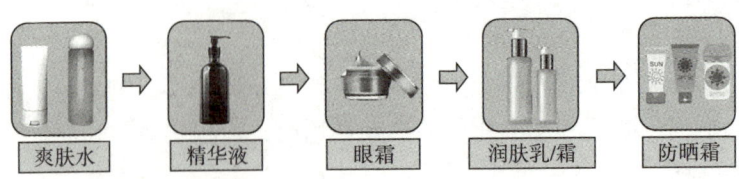

| 爽肤水 | 精华液 | 眼霜 | 润肤乳/霜 | 防晒霜 |

3. 基本保养的操作步骤

基本保养的操作步骤

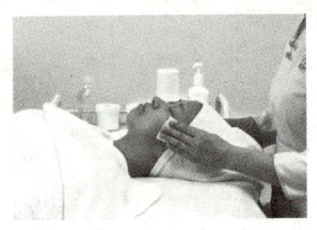

步骤1　涂爽肤水①
用化妆棉取适量的爽肤水,以面部按摩基本方向擦拭面部,或用喷雾器喷于面部。

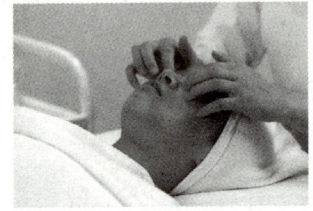

步骤2　涂爽肤水②
以轻拍点弹的手法按摩,使爽肤水充分吸收,增加皮肤弹性。

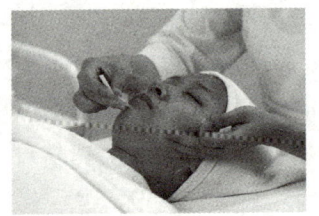

步骤3　涂精华液①
用滴管取适量的精华液,直接滴于顾客面部皮肤。

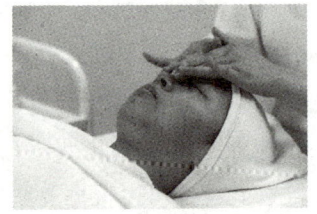

步骤4　涂精华液②
用手指指腹由内向外打圈将精华液涂匀,并配合提升的手法促使精华液被皮肤充分吸收。

基本保养的操作步骤

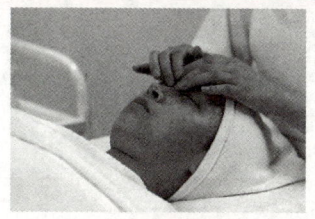

步骤5　涂眼霜

取适量的眼霜,以小点状均匀地点于下眼眶处。然后用双手的中指、无名指轻轻地打小圈,可以配合点弹手法按摩,促进眼霜的吸收。

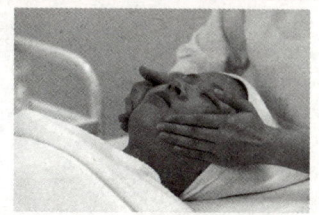

步骤6　涂润肤乳/霜

将润肤乳/霜以五点法置于顾客的额部、鼻部、两颊及下颌。轻轻地将其抹均匀,再以打圈的手法进行按摩,促进吸收。

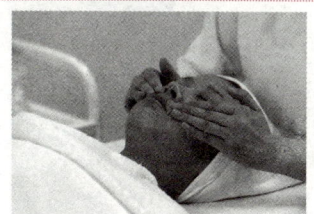

步骤7　涂防晒霜

取适量的防晒霜,按照肌肉的走向,由内向外地涂抹均匀或者拍均匀,让防晒霜覆盖于全部面部皮肤。

注意事项

※ 在选择面部护肤品时,应综合季节、气候、环境,以及顾客年龄、皮肤状况。

※ 在涂抹面部护肤品时,应按面部肌肉的走向,由内而外、由下而上地以轻轻打圈或轻拍的方式进行。

※ 对于有细纹的地方,应沿着细纹的生长线由内而外地涂抹合适的面部护肤品,随后用打圈的方式促进护肤品被吸收。

六、结束工作

做好结束工作能培养美容岗位从业人员的良好习惯，同时有利于保持美容院干净、整洁、有序的工作环境，给顾客留下良好的印象。

结束工作的操作步骤

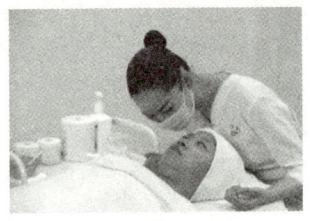

步骤 1

告知顾客护理流程已结束，并询问还需要什么帮助。

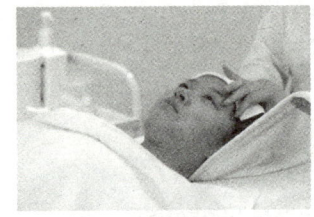

步骤 2

解开顾客头上的毛巾，注意不要让污物弄脏顾客的衣物。

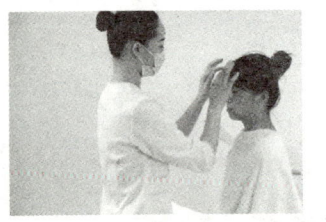

步骤 3

拿掉顾客身上的毛巾、头巾或盖被，扶顾客起身，帮助顾客整理衣物、头发。如果顾客有需要，可以为顾客提供化妆品及补妆服务。

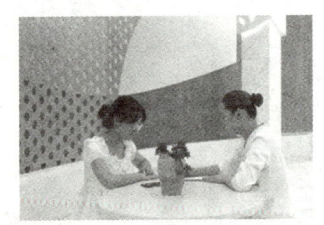

步骤 4

询问顾客对服务的感受，征求意见，以便日后改进。

结束工作的操作步骤	
 **步骤 5** 提醒顾客拿好自身携带物品,不要遗漏。送顾客到门口,如遇天气突变,应及时提供雨具。	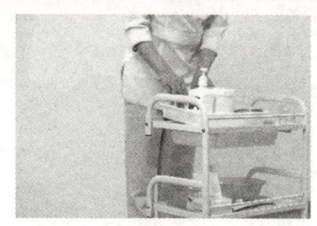 **步骤 6** 及时整理用品、用具,做好护理间的清洁工作,如清洁手推车、地面及清理垃圾桶等。
 **步骤 7** 把手推车整理干净,并用纸巾将台面擦拭干净,不留任何污渍和水渍。	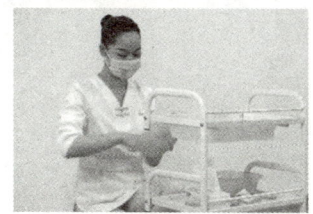 **步骤 8** 清洗所用的用具,并用酒精对用品、用具进行消毒。
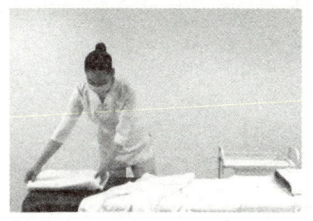 **步骤 9** 换上干净且已消毒的床单、毛巾,准备迎接新顾客。	

注意事项

※ 对毛巾、头巾等进行清洗并进行高温消毒，对调膜棒、面膜碗等工具进行清洁和有效消毒，如紫外线消毒、消毒液浸泡等。

※ 在面部护理工作结束后，应该立即切断仪器电源，拔出插头，并将电线整理好。

学习单元二　面部按摩

面部按摩是美容岗位从业人员用双手在顾客的面部进行的一系列机械运动。面部按摩会使面部肌肤的生理状况得以改善，促进新陈代谢。

一、面部按摩的原则和基本要求

1. 面部按摩的原则

（1）按摩应从下向上进行。
（2）按摩应从里向外、从中间向两边进行，尽量将面部的皱纹展开。
（3）按摩方向应与肌肉走向一致，与皮肤皱纹方向垂直。
（4）按摩应尽量减少肌肤位移。

2. 面部按摩的基本要求

（1）按摩的动作要熟练、准确，并配合面部不同部位的肌肉状态变换手形。
（2）在按摩时，应建立平稳的节奏。
（3）按摩要先慢后快、先轻后重，要有渗透性。
（4）要根据面部的不同部位调整按摩力度，特别需要注意眼周部位用力要轻。

（5）要根据面部的不同部位和状况合理分配按摩时间，全脸按摩时间以 10～15 分钟为宜。

二、面部按摩手法（见表 4-9）

面部按摩有多种手法，包括按抚法、抹法、打圈法、轮指法、压法、捏按法、叩抚法、揉捏法、震颤法，具体操作要领、注意事项和应用见表 4-9。

表 4-9　面部按摩手法

手法名称	操作要领	注意事项	应用	操作图片
按抚法	手指或手掌以一定力度有节奏地在皮肤表面上滑行	◎根据按摩部位的大小选择使用手指或手掌 ◎动作要轻缓、平稳、柔和，必要时可带有一定的压力	用于按摩开始、结束，以及动作之间的连接	
抹法	手指或手掌在皮肤表面进行单向移动	◎用力轻柔连贯 ◎移动路线为单向	用于按摩眼部皮肤、松弛皮肤、敏感皮肤、痤疮皮肤以及浮肿皮肤等	
打圈法	腕关节带动手指运动，用指腹在皮肤上打圈	◎除鼻翼外，均为自下而上、由内向外进行打圈 ◎鼻翼处为自上而下、由外向内进行打圈	用于对局部进行按摩	

续表

手法名称	操作要领	注意事项	应用	操作图片
轮指法	◎双手置于顾客两耳侧 ◎食指至小指依次快速收提 ◎轮流用指腹对四颊进行轮刮	◎动作要连贯 ◎四个手指尽可能张开，轮流进行拨弹	用于面颊	
压法	手掌或手指进行局部施压	调整呼吸后施压，由浅入深，由轻到重，不要突然发力	用于面部穴位与额部	
捏按法	拇指、食指快速提捏肌肉，对局部组织产生适当的压力	◎受力皮肤的面积应适中 ◎捏按法的重点是提，不是捏 ◎动作要轻快、连续 ◎眼部按摩禁用捏按法	用于面颊、额部或油性皮肤	

续表

手法名称	操作要领	注意事项	应用	操作图片
叩抚法	手指或手掌有节奏地快速敲击	为按摩中较刺激的手法,不能用于按摩的开始和结束	用于面部、肩、背、手臂	
揉捏法	一边用手指捏起皮肤,一边进行局部揉动	不适用于面颊等部位	用于耳部或肩颈部	
震颤法	前臂、手部肌肉迅速收缩,使手掌产生振动并将力传导至肌肤	用于按摩即将结束时	用于面部	

扫码看视频

面部按摩手法

三、面部按摩的常用穴位

人体穴位众多,每个穴位都有其独特的功能。面部按摩常用穴位如图 4-1 所示,其位置说明见表 4-10。

模块四 | 面部护理

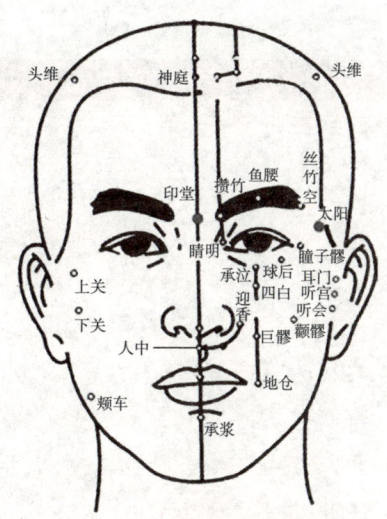

图 4-1 面部按摩常用穴位

表 4-10 面部按摩常用穴位的位置说明

名称	位置
印堂穴	两眉头连线的中点
太阳穴	眉梢与眼外眦连线的中点向后移 1 寸左右凹陷处
睛明穴	眼内眦上方 0.1 寸，靠近眶骨内侧缘
攒竹穴	两眉头内侧凹陷处，眼内眦直上方取穴
鱼腰穴	眉毛中点处
丝竹空穴	眉毛外端，眉梢凹陷处
承泣穴	瞳孔直下 0.7 寸处，眶骨边缘
瞳子髎穴	眼外眦外端，眶骨边缘
四白穴	瞳孔直下 1 寸处
球后穴	下眼眶骨缘靠外眼角 1/4 处
迎香穴	鼻翼外缘中点旁开 0.5 寸
巨髎穴	四白穴直下方，与鼻翼下缘齐平
颧髎穴	外眼角直下，颧骨下缘

93

续表

名称	位置
颊车穴	下颌角前上方约一横指,上、下齿用力咬紧,当咬肌隆起,上方按之凹陷处
耳门穴	耳屏上切迹前,下颌骨髁状突出的后缘,张口凹陷处
听宫穴	在耳屏前缘中间与下颌关节之间的凹陷处
听会穴	耳屏下切迹前,下颌骨髁状突出的后缘,张口凹陷处
翳风穴	耳垂后方凹陷处
人中穴	人中沟的上 1/3 与中 1/3 交界处,又称水沟穴
承浆穴	位于颏唇沟中点处
地仓穴	口角旁开 0.4 寸
下关穴	颊部、耳前、颧弓下缘凹陷处
上关穴	颊部、耳前、下关直上,颧弓上缘凹陷处

四、面部按摩的操作步骤

面部按摩操作按照额头、眼部、鼻部、口周、面颊的顺序进行,具体如下。

面部按摩的操作步骤	
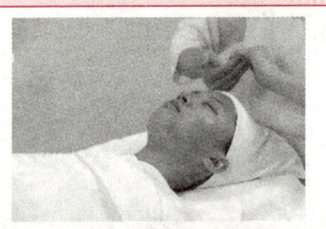 **步骤1 涂抹按摩膏** 将按摩膏涂抹于顾客的额部、鼻部、下颌部、双颊部。	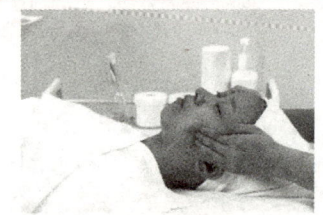 **步骤2 按抚** 沿着额中→太阳穴→眼眶→内眼角→鼻翼→口周→下巴→太阳穴的位置,双手轻轻按抚。

面部按摩的操作步骤

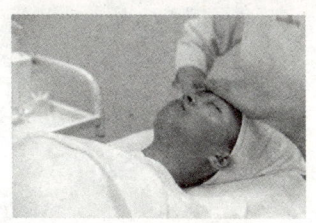

步骤3　额部按摩①
手掌横向按抚额头,竖向按抚额头。

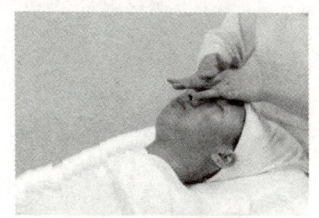

步骤4　额部按摩②
中指从迎香穴拉至神庭穴。

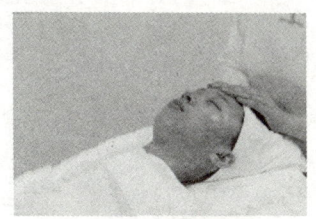

步骤5　额部按摩③
四指合拢,从眉底线拉至发际线,竖向按抚。

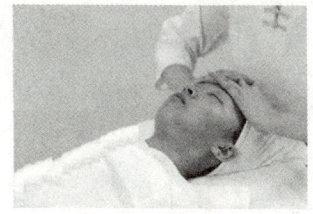

步骤6　额部按摩④
双手交叉由额中至两侧发际线,横向按抚。

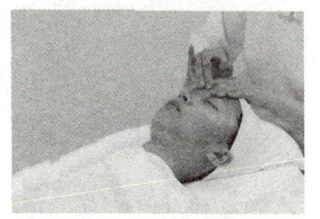

步骤7　额部按摩⑤
一手食指与中指撑开眉头,另一手美容指打圈,舒展眉间纹。

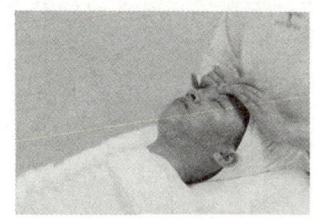

步骤8　额部按摩⑥
交替拉抹眉间纹。

面部按摩的操作步骤

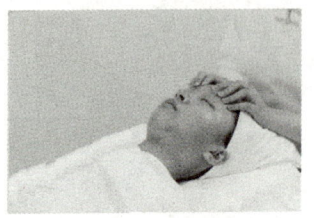

步骤9　额部按摩⑦
四指合拢,指压额部,由眉底线压至发际线。

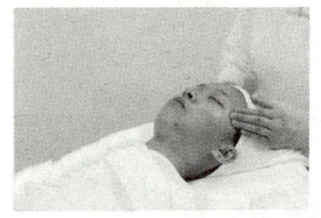

步骤10　额部按摩⑧
四指由额中分三行打圈至太阳穴,并指压太阳穴。

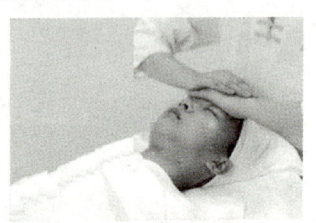

步骤11　额部按摩⑨
叠掌用阴力按压额头,结束额部按摩。

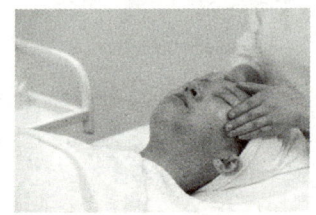

步骤12　眼部按摩①
四指合拢,环状打圈按抚眼周。

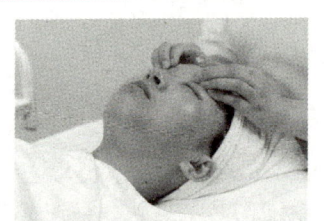

步骤13　眼部按摩②
四指合拢,环状打圈推压上下眼眶。

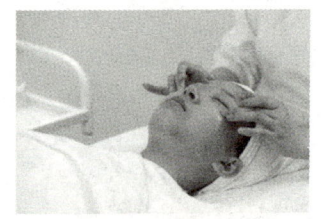

步骤14　眼部按摩③
中指压睛明穴、攒竹穴、鱼腰穴、丝竹空穴、太阳穴、瞳子髎穴、球后穴、承泣穴、四白穴等穴位。

面部按摩的操作步骤

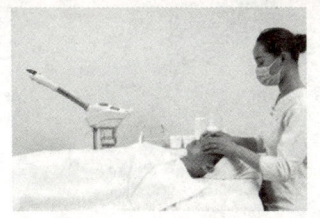

步骤 15　眼部按摩④
四指点弹眼周。

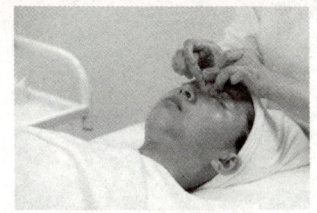

步骤 16　眼部按摩⑤
美容指从太阳穴开始沿下眼眶向内圈揉至睛明穴,中指提按睛明穴,拇指从额头下滑与食指提捏眉毛,滑至太阳穴后,双手美容指指压太阳穴。

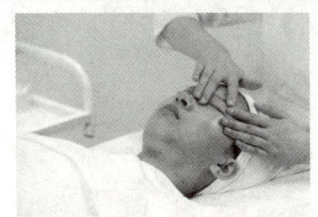

步骤 17　眼部按摩⑥
一手在左眼部做环状按抚,另一手食指、中指提抚眼尾。左眼完成后再用同样方法按摩右眼。

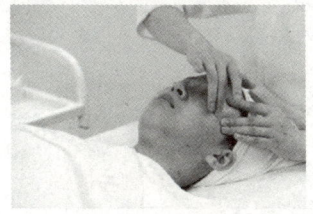

步骤 18　眼部按摩⑦
一手食指、中指绷开眼尾,另一手美容指打圈,展开鱼尾纹。左眼完成后再用同样的方法按摩右眼。

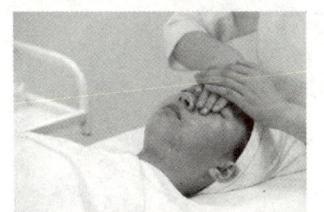

步骤 19　眼部按摩⑧
双手叠掌在眼部做"∞"字按摩。

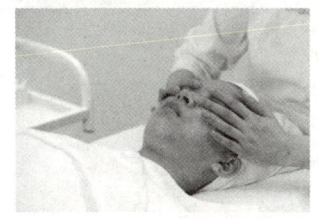

步骤 20　眼部按摩⑨
双手横位,食指、中指分开轻抹眼球。

面部按摩的操作步骤

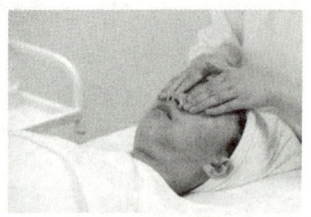

步骤 21　眼部按摩⑩
用四指在眼部环状打圈并结束眼部动作。

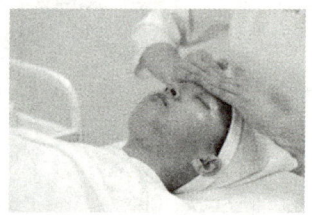

步骤 22　鼻部按摩①
四指微屈，指腹成一直线，向上交替拉抹鼻梁至神庭穴，在额头处加力。

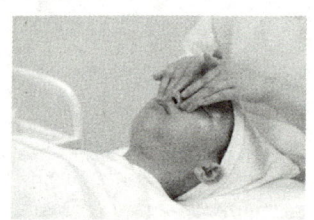

步骤 23　鼻部按摩②
美容指在鼻翼处向外打圈。注意不要将按摩膏弄到顾客鼻腔中。

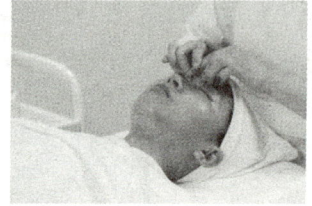

步骤 24　鼻部按摩③
中指压迎香穴、鼻通穴、睛明穴，双掌叠压印堂穴至神庭穴。

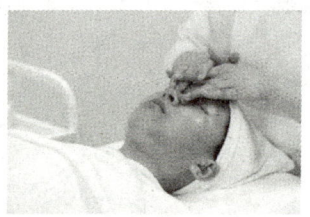

步骤 25　鼻部按摩④
双手中指夹搓鼻根。

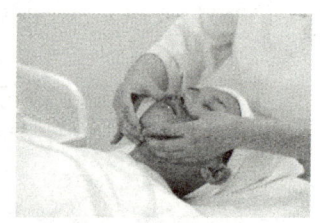

步骤 26　鼻部按摩⑤
拇指向下交替按抚鼻梁、鼻翼，顺势按抚鼻唇周。

面部按摩的操作步骤

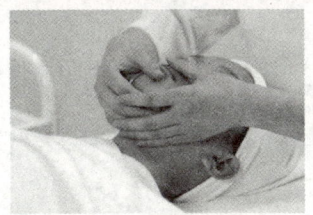

步骤 27　口周按摩①
按抚唇周。

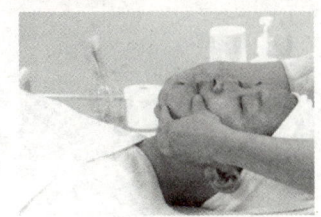

步骤 28　口周按摩②
拇指叠按人中穴，接着拇指按压口禾髎穴、地仓穴、承浆穴。

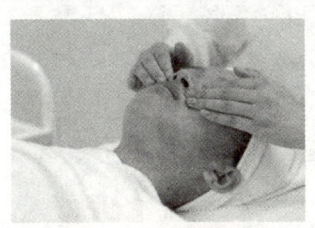

步骤 29　口周按摩③
拇指与食指捏按下颌，并在嘴角处向上提抬。

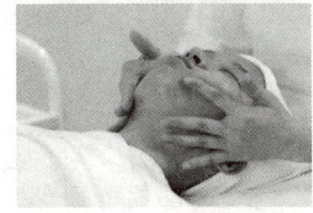

步骤 30　口周按摩④
在下颌两侧用美容指交替向上打圈。

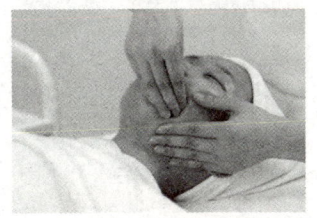

步骤 31　口周按摩⑤
双手平衡用力斜向上拉抹下颌肌肉，并向上提抬下颌骨。

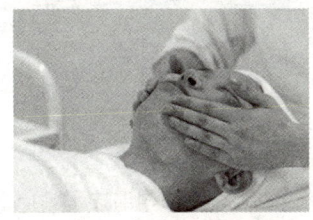

步骤 32　面颊部按摩①
按抚面颊。

面部按摩的操作步骤

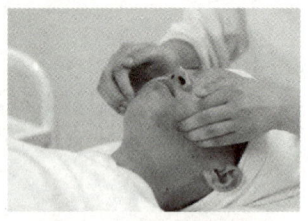

步骤 33　面颊部按摩②
四指分三行在面颊上指压穴位。

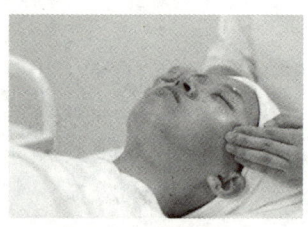

步骤 34　面颊部按摩③
四指分三行向斜上方打圈。

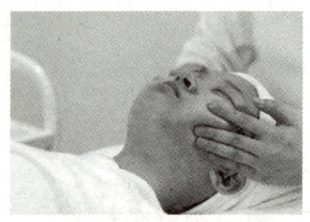

步骤 35　面颊部按摩④
食指、中指夹住面颊肌肉，平衡用力向上提抹。

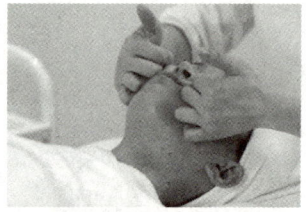

步骤 36　面颊部按摩⑤
双手大鱼际或四指关节在面颊上向上打圈。

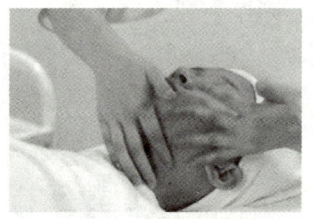

步骤 37　面颊部按摩⑥
双手分别在面颊两侧用轮指法按摩；双手在单侧面颊用轮指法按摩，先左侧后右侧。

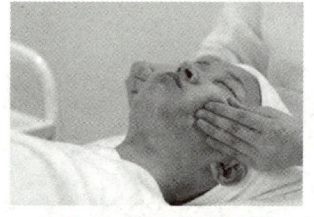

步骤 38　面颊部按摩⑦
按抚面颊后，捏按面颊、颌部。

模块四 | 面部护理

面部按摩的操作步骤

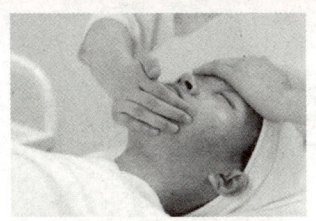

步骤 39　面颊部按摩⑧
采用震颤法进行按抚。

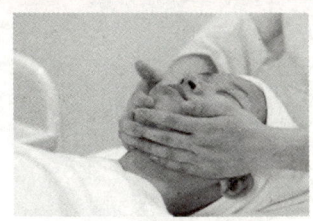

步骤 40　面颊部按摩⑨
交叉按抚,修提面颊处轮廓。结束面颊按摩。

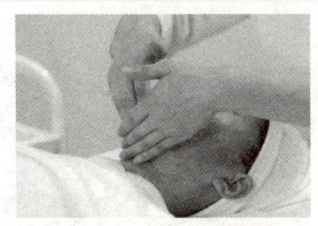

步骤 41　下颌、颈部按摩
先按摩下巴尖,再横向拉抹下颌,最后纵向拉抹颈部。

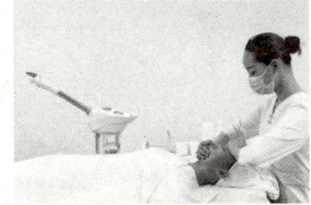

步骤 42　结束按摩
用震颤法按摩面颊部,结束全部按摩操作。

注意事项

※ 按摩手法每节需重复 2 ~ 3 次,方能达到按摩的目的。
※ 对于敏感皮肤,不宜进行面颊部按摩中的提捏操作。

扫码看视频

面部按摩的操作步骤

101

模块 五
身体护理

学习单元一　手、足部护理

一、手部护理

手部护理能够有效补充手部皮肤水分和营养，使手部皮肤变得柔嫩光滑，减少细纹脱皮等皮肤老化现象，延缓皮肤衰老；还可以加快手部皮肤的血液循环，促进局部新陈代谢；可以强化手部肌肉弹性，增强手部关节。在护理中，按摩手部穴位，有利于调整内脏器官功能。

1. 手部护理的常用穴位（见表 5-1）

表 5-1　手部护理的常用穴位

名称及图示	位置	功能作用
 神门穴	腕掌横纹尺侧端，尺侧腕屈肌腱的桡侧凹陷处	◎ 改善面色无华、口唇苍白或暗紫 ◎ 宁心安神，清心凉血

续表

名称及图示	位置	功能作用
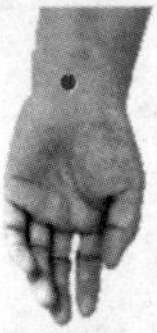 大陵穴	在腕前区，腕掌横纹中点处，掌长肌腱与桡侧腕屈肌腱之间	缓解情绪压力，改善血液循环
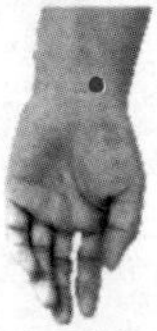 太渊穴	腕前区，桡骨茎突与舟状骨之间，拇长展肌腱尺侧凹陷处	改善手部血液循环，缓解手部僵硬
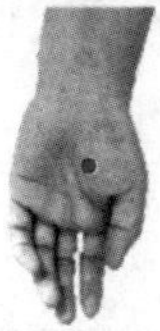 劳宫穴	在手掌心，第二、三掌骨之间凹陷处，握拳屈指时，中指指尖处	◎ 改善痤疮、鹅掌风、冻疮、手部皮肤皴裂 ◎ 清心泻热、开窍醒神、消肿止痒
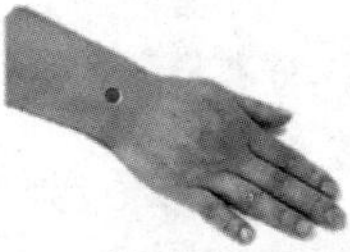 阳池穴	腕背横纹中，指伸肌腱的尺侧缘凹陷处	缓解手部疼痛，放松手部肌肉
 腕骨穴	在腕区，第五掌骨基底与钩骨之间的凹陷处，赤白肉际	缓解腕关节疼痛
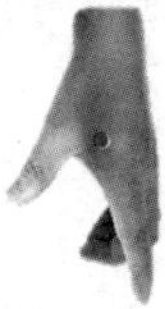 合谷穴	在手背、第一、二掌骨间，第二掌骨桡侧的中点处	改善痤疮、黄褐斑、荨麻疹等

2. 手部护理的操作步骤

手部护理的操作步骤	
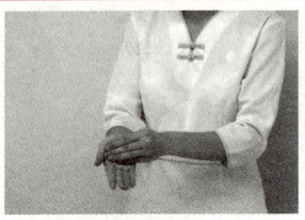 **步骤1　清洁消毒双手** 采用七步洗手法清洁双手后，再用免洗消毒凝胶消毒。	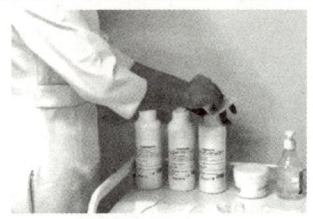 **步骤2　消毒用品** 用消毒湿纸巾消毒所有的工具、器皿及产品的封口处。
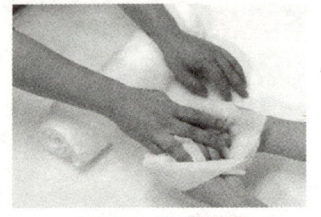 **步骤3　清洁消毒** 用消毒湿纸巾对顾客的手背、手心、指间、指尖等进行全面擦拭。注意检查顾客手部皮肤有无伤口或皮肤病，若有异常症状，不宜进行手部护理。	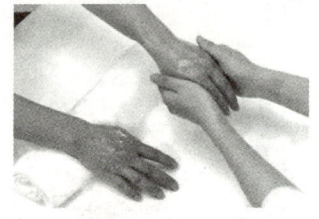 **步骤4　去角质①** 将磨砂膏放置于手心，并轻柔地打开。将磨砂膏涂抹于顾客手背和各个部位，尤其是指缝处，并打圈，以去除老化角质。
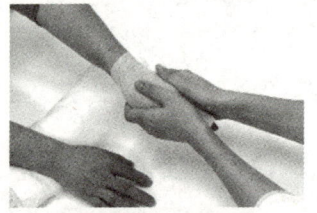 **步骤5　去角质②** 用一次性热毛巾热敷并擦拭干净。	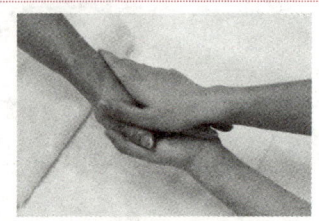 **步骤6　涂抹按摩乳①** 将按摩产品放置在手心轻柔地推开。双手握住顾客的手，将按摩产品涂抹在顾客手背和手心上。

模块五 | 身体护理

手部护理的操作步骤

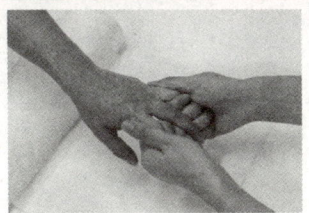

步骤7　涂抹按摩乳②
轻柔地将顾客手背上的按摩产品由手腕向指尖推开。用拇指指腹从中间向两侧打圈推开，用指腹打圈揉按顾客的手掌、手指、虎口等。

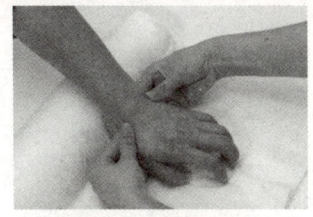

步骤8　按摩操作①
双手拇指在顾客手腕处横向从中间向两侧轻擦；询问顾客力度是否合适，并根据反馈调整力度，逐渐转为重擦。

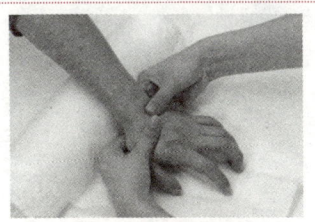

步骤9　按摩操作②
双手拇指在顾客手背处横向来回相对滑动。

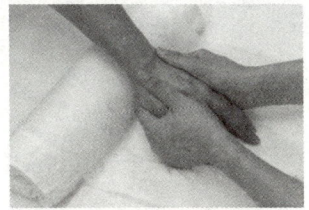

步骤10　按摩操作③
双手握住顾客的手，用拇指从中间向两侧打圈推动。

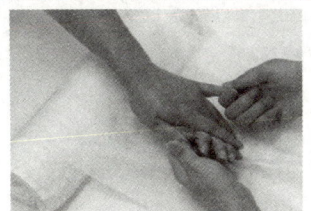

步骤11　按摩操作④
用拇指指腹以打圈的方式按摩顾客的拇指和小指，从指根到指尖方向进行滑动揉搓。用力按压指尖关节，并停留两秒。然后按相同的方法按摩其他手指。

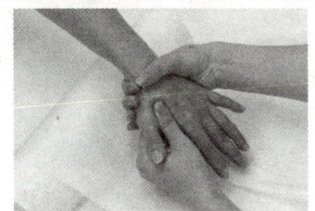

步骤12　按摩操作⑤
用拇指向下按压顾客的虎口，停留2秒后松开。

手部护理的操作步骤

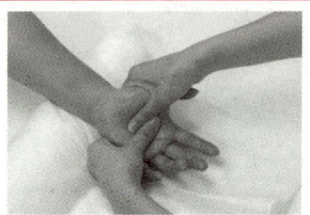

步骤 13　按摩操作⑥
用双手拇指横向按压顾客手掌心,并用推法横向推动。

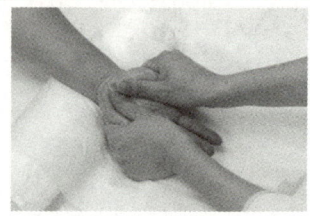

步骤 14　按摩操作⑦
用双手拇指按压顾客手掌的大鱼际、小鱼际处,在保持按压力度的同时从中间向两侧滑动。

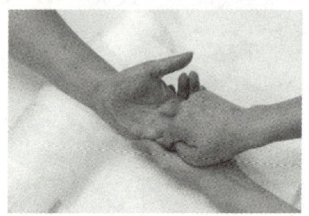

步骤 15　按摩操作⑧
握拳成猫爪状,用指关节用力按压顾客掌心,由掌根向指尖滑动。

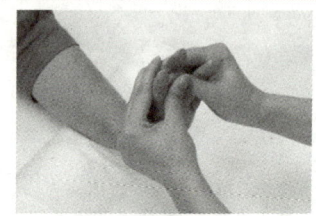

步骤 16　按摩操作⑨
双手握住顾客手掌,拇指由掌根分别向拇指指尖和小指指尖连贯推动。用力按压指尖处,停留2秒后松开。用相同的方法按摩其他手指。

步骤 17　按摩操作⑩
一手握住顾客手腕,另一手与顾客的手指相错握住,旋转顾客的手腕。

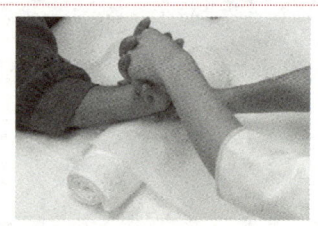

步骤 18　按摩操作⑪
一手轻按住顾客的手腕内侧,另一手仍然保持与顾客手指相错握住的姿势,缓慢地朝顾客手背方向按压。在按压过程中询问顾客的感受,在达到顾客的忍耐限度时停顿并保持2秒。

手部护理的操作步骤

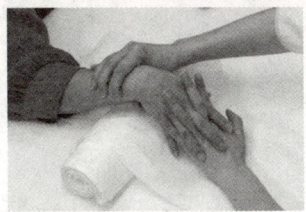

步骤 19　按摩操作 ⑫
一手轻握住顾客的手腕,另一手仍然保持与顾客的手指相错握住的姿势。缓慢地朝顾客手心方向向下按压。在按压过程中询问顾客的感受,在达到顾客的忍耐限度时停顿并保持 2 秒。

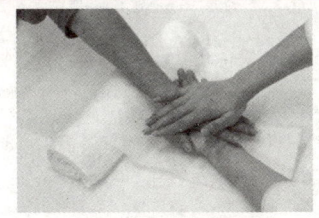

步骤 20　按摩操作 ⑬
将顾客手心朝上平放在桌面上,双手叠放并轻推按压顾客的手。然后让顾客手心朝下,一手托住顾客手心,另一手轻推、按压顾客的手。

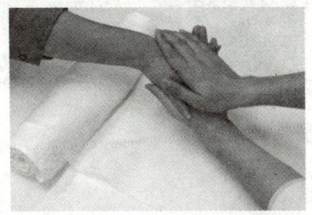

步骤 21　按摩操作 ⑭
按照同样的步骤按摩右手。按摩完后用洁面巾将按摩乳擦拭干净。

步骤 22　敷膜
将手膜均匀地刷在顾客整个手部。用保鲜膜包裹顾客手部,停留 5～10 分钟。

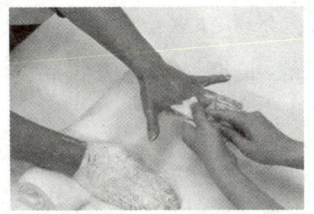

步骤 23　卸膜
将手膜用一次性热毛巾擦拭干净。

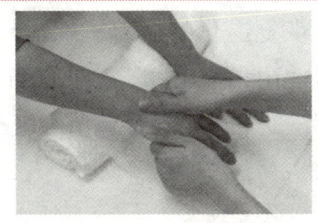

步骤 24　保养
涂护手霜。

注意事项

※ 在做手部护理时,美容岗位从业人员应建议顾客去除手上的饰物,以免饰物受到化妆品腐蚀。

※ 在按摩过程中,应全程关注顾客的感受,随时与顾客沟通,及时调整按摩力度。

※ 每个按摩步骤可重复3~5次,力度一般由轻到重,整个手部按摩时间一般为10~15分钟。

扫码看视频

手部护理的基本操作流程

二、足部护理

足部护理可以促进血液循环顺畅,刺激细胞产生活力,防止老化;恢复退化的器官机能,预防生病,延缓衰老;促进新陈代谢,排泄体内毒素杂物,令皮肤红润有光泽。长期坚持按摩脚底,除了美容皮肤之外,还能调节经络和气血。

1. 足部护理的常用穴位（见表 5-2）

表 5-2　足部护理的常用穴位

名称	位置	功能作用
涌泉穴	在足底，屈足蜷趾时足心最凹陷处	改善足冻疮、足皲裂等
太冲穴	在足背侧，第一、二跖骨间，跖骨结合部前方凹陷处	◎ 疏肝、解郁、降气 ◎ 改善黄褐斑、慢性湿疹等 ◎ 平肝泄热、舒肝养血、清利下焦
太溪穴	在足内侧，内踝后方与跟腱之间的凹陷处	◎ 改善因肾阴不足导致的形体消瘦、皮肤干燥、皱纹、黄褐斑、脱发，以及因阳虚内寒导致的早衰、冻疮等 ◎ 滋阴益肾、强健腰膝
解溪穴	在足背与小腿交界处的横纹中央凹陷处，足踇长伸肌腱与趾长伸肌腱之间	和胃降逆、舒筋活络

2. 足部护理的操作步骤

足部护理的操作步骤	
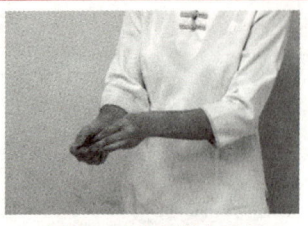 **步骤1　清洁消毒双手** 采用七步洗手法清洁双手，再用免洗消毒凝胶消毒。	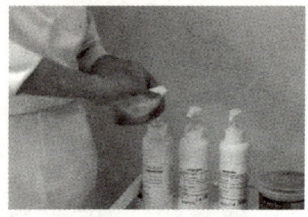 **步骤2　消毒用品** 用消毒湿纸巾消毒所有的工具、器皿，以及产品的封口处。
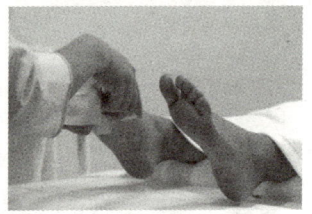 **步骤3　清洁、消毒顾客足部** 用消毒湿纸巾对顾客的脚背、脚心、脚趾等进行全面擦拭。注意检查顾客足部皮肤有无伤口或皮肤病，若有异常状况，不宜进行足部护理。	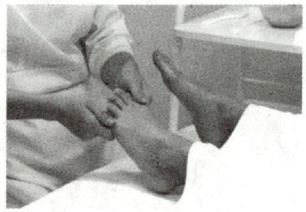 **步骤4　去角质①** 将磨砂膏放置手心轻柔推开。将磨砂膏涂抹于顾客足部，在顾客脚背、脚跟、脚趾处推开。
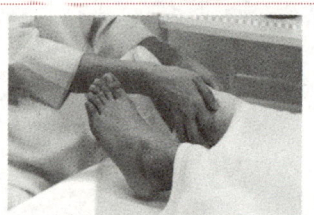 **步骤5　去角质②** 用一次性热毛巾热敷并擦拭干净。	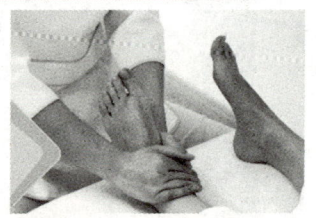 **步骤6　涂抹按摩产品①** 将按摩产品放置于手心并轻柔推开。用两只手上下包裹住顾客的脚，将按摩产品涂抹于顾客脚掌和脚背。

足部护理的操作步骤

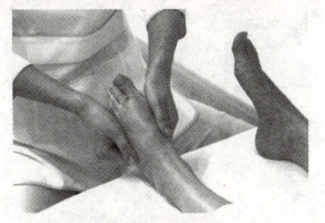

步骤 7　涂抹按摩产品②
先用双手握住顾客脚掌,双手拇指在脚背中间上下推动,并同时向两侧移动。

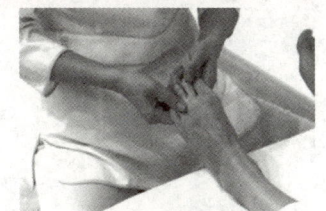

步骤 8　涂抹按摩产品③
将按摩产品均匀地涂抹至脚趾、脚趾缝。

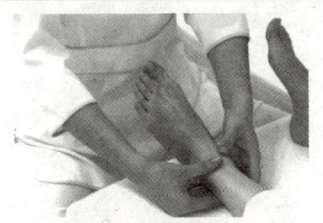

步骤 9　足部按摩①
双手握住顾客脚腕,拇指从脚腕前侧中间向两侧轻推,推至脚踝下方。

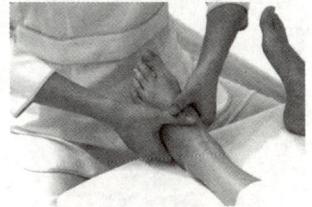

步骤 10　足部按摩②
双手握住顾客脚掌,拇指相对横向滑动,再从中间向两侧打圈推动按摩。

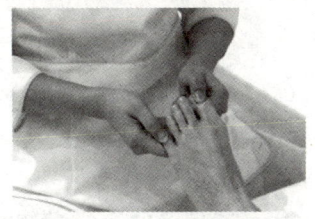

步骤 11　足部按摩③
依次以推揉打圈的方式按摩顾客每根脚趾,并从趾根向趾尖推动,最后按压趾甲后端。

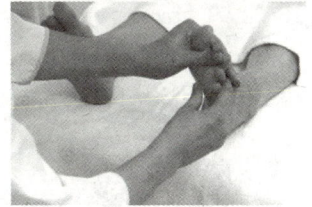

步骤 12　足部按摩④
双手握住顾客脚掌,拇指从顾客脚掌心向脚趾方向推动,并按压大脚趾和小脚趾的趾尖。依次以相同的方法按摩其他脚趾。

足部护理的操作步骤

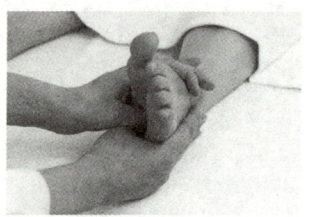

步骤 13　足部按摩⑤
双手握住顾客脚掌前缘,拇指卷曲,用拇指关节从上向下交替推至顾客脚掌心。

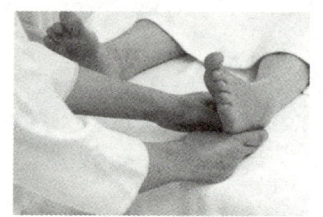

步骤 14　足部按摩⑥
双手握住顾客脚掌,拇指卷曲,用拇指关节从上向下交替推至顾客脚跟处。

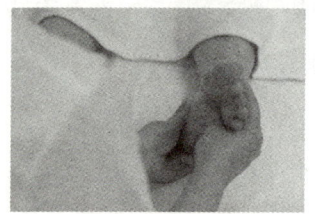

步骤 15　足部按摩⑦
一手握住顾客脚掌,另一手拇指由顾客脚掌内侧中心位置向脚踝后方推动。

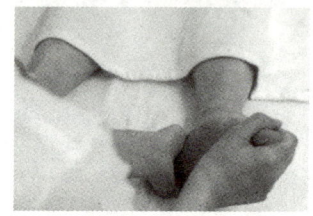

步骤 16　足部按摩⑧
一手握住顾客脚跟,另一手握住顾客脚尖,轻轻旋转顾客脚腕。

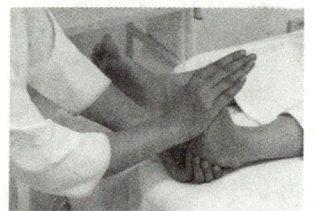

步骤 17　足部按摩⑨
一手握住顾客脚跟,另一手朝顾客脚背方向按压脚掌。

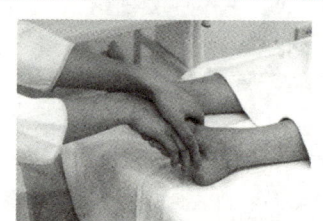

步骤 18　足部按摩⑩
双手从顾客脚背上方握住脚掌,力度适中地向下按压。

足部护理的操作步骤

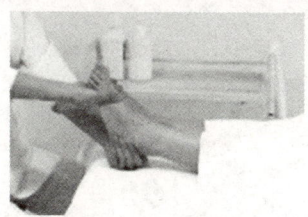

步骤 19　足部按摩⑪
双手从下方握住脚跟，一手经脚底向上滑动直至离开顾客脚部。结束左足按摩。

步骤 20　按摩右足
按照相同的方法按摩右足。最后用洁面巾擦拭干净按摩乳。

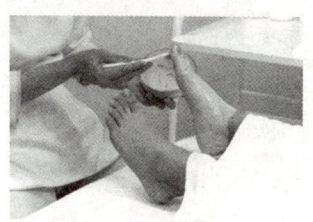

步骤 21　敷膜
将足膜均匀地刷在顾客整个足部，用保鲜膜包裹，停留 5～10 分钟。

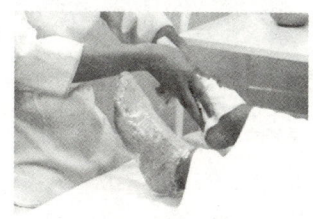

步骤 22　卸膜
将足膜用一次性热毛巾擦拭干净。

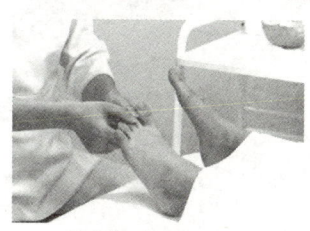

步骤 23　保养
涂护足霜。

注意事项

※ 在做足部护理时美容岗位从业人员应建议顾客去除脚上的饰物以免饰物受到化妆品腐蚀。

※ 在按摩过程中，应全程关注顾客的感受，随时与顾客沟通，及时调整按摩力度。

※ 每个按摩步骤可重复3～5次，力度一般由轻到重，整个足部按摩时间一般为10～15分钟。

扫码看视频

足部护理的基本操作流程

学习单元二 肩、颈部护理

一、肩、颈部按摩常用穴位

按摩肩、颈部的穴位，可以缓解肩、颈部的紧张和疼痛，促进血液循环，舒缓肌肉疲劳。肩、颈部按摩常用穴位见表 5-3。

表 5-3 肩、颈部按摩常用穴位

名称	位置	主治	循行经脉
巨骨穴	在肩上部，在锁骨肩峰端与肩胛冈之间的凹陷处	肩背部疼痛、活动不利	手阳明大肠经
大椎穴	在后正中线上，第七颈椎与第一胸椎棘突之间的凹陷处	肩背疼痛、发热、中暑、咳嗽	督脉
肩井穴	在大椎穴与肩峰端连线的中点上	腰酸背疼、头颈痛	足少阳胆经

续表

名称	位置	主治	循行经脉
肩髃穴	在肩部三角肌上，上臂外展或向前平伸时，肩峰前下方凹陷处	颈椎病、上肢、肩背疼痛	手阳明大肠经
肩髎穴	在肩髃穴后方，上臂外展时，肩峰后下方凹陷处	肩瘫、肩周炎	手少阳三焦经
风池穴	胸锁乳突肌与斜方肌上端之间的凹陷中	头痛、眩晕、颈项疼痛等	足少阳胆经
风府穴	后发际正中直上1寸，两斜方肌之间的凹陷中	头痛、颈项强直、眩晕等	督脉

二、肩、颈部护理操作

肩、颈部护理能增强皮肤弹性，起到延缓衰老的作用，能促进肩、颈部的血液循环，增加新陈代谢；能缓解肌肉僵硬，增强头部供血、供氧，改善睡眠；也能缓解肩周炎、颈椎病等劳损性疾病带来的不适。

肩、颈部护理操作步骤

步骤1　清洁消毒双手
采用七步洗手法清洁双手，再用免洗消毒凝胶消毒。

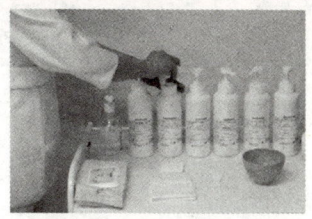

步骤2　消毒工具、用品
用75%酒精消毒湿纸巾消毒使用的工具及产品的封口处。

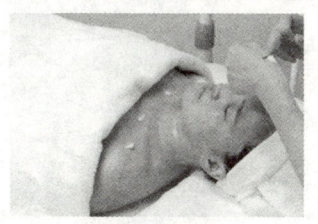

步骤3　清洁①
取适量洁面乳放于左手虎口处，用右手中指、无名指将其分别放置于顾客的肩部和颈部，其中肩部放置4点、颈部放置3点。

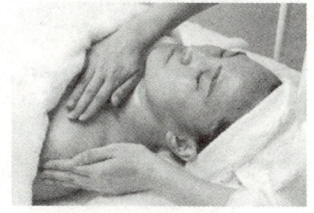

步骤4　清洁②
双手四指并拢，右手从顾客左肩横向拉抹至右肩。左手以同样的手法从右肩横向拉抹至左肩，如此交替清洁肩部。

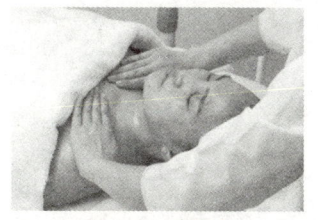

步骤5　清洁③
双手四指并拢，在上胸部从中间往两边、由内向外打圈至大臂。

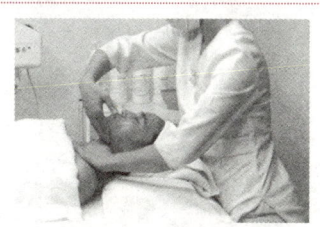

步骤6　清洁④
双手五指并拢，交替向上拉抹颈部。

肩、颈部护理操作步骤

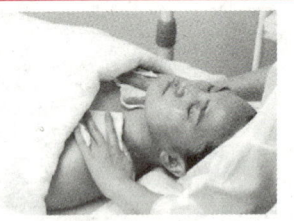

步骤7　清洁⑤
用洁面巾将洁面乳擦拭干净。

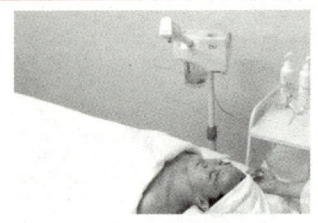

步骤8　喷雾
将奥桑喷雾仪的喷口调整至与肩、颈部成45°角,距离20～25厘米。打开喷雾,对顾客肩、颈部喷雾10分钟左右。

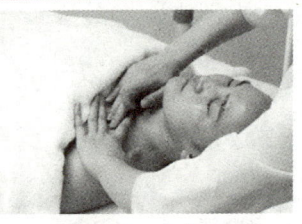

步骤9　去角质
将去角质霜均匀地涂抹于顾客上胸部。待角质霜八分干后,一手轻轻固定皮肤,另一手的中指、无名指将角质轻轻搓去。之后用洁面巾擦拭干净。

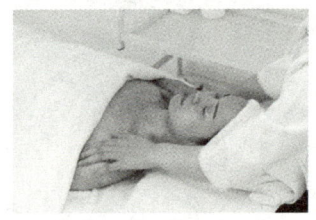

步骤10　涂抹按摩产品
双手掌蘸取适量的按摩产品,将其均匀地涂抹于颈部、上胸部、肩部和上臂部。

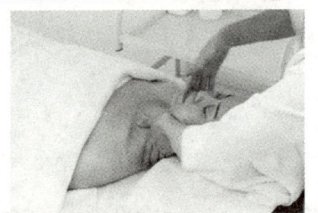

步骤11　拉抹肩、颈部
双手四指先从上胸部中间拉抹至两侧肩部,再从肩头过渡拉抹至颈部,最后向上交替拉抹颈部。

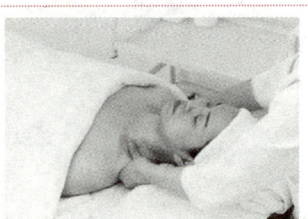

步骤12　拿捏肩部
双手放在颈部两侧,四指在后,拇指在前,虎口压住后斜角肌,同时用力提拉肌肉,再放松。

肩、颈部护理操作步骤

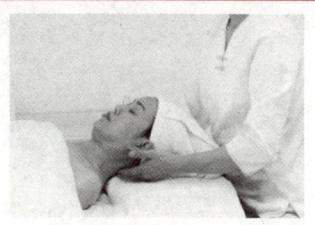

步骤 13　点按颈后穴位
双手半握拳在肩部滚动，四指提拉至颈后，点按风池穴、风府穴。

步骤 14　推揉肩、颈两侧
将顾客头部转向右侧，右手扶住顾客的头部，左手拇指向下推揉左侧肩、颈部淋巴至腋下。再换另一侧进行同样的操作。

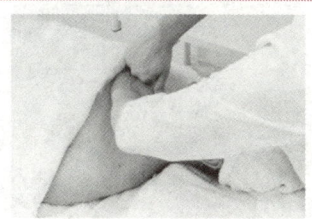

步骤 15　按抚胸前①
双手手背相对，用四指的前三节在锁骨下的前胸部位来回横拉。

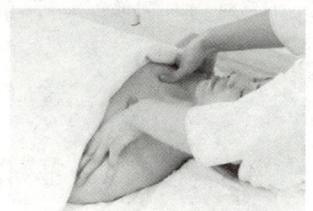

步骤 16　按抚胸前②
用拇指在锁骨下按压。

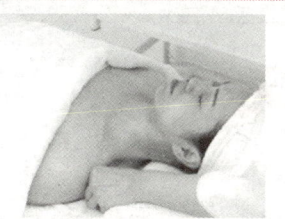

步骤 17　点穴
双手拇指指腹在两肩依次点按肩髃穴、肩髎穴、巨骨穴、肩井穴。

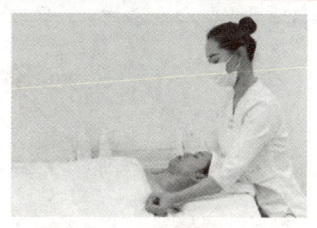

步骤 18　叩击肩部、大臂
双手握空拳，腕部放松，用小指、小鱼际的外侧用力叩击双肩和两大臂处。

肩、颈部护理操作步骤

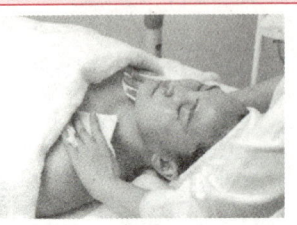

步骤19　清洁按摩乳
用洁面巾将按摩乳擦拭干净。

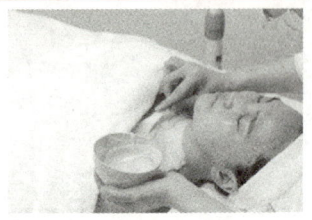

步骤20　敷膜
取适量软膜粉调成均匀的糊状,将其均匀地涂抹于顾客颈部、上胸部、肩部。软膜厚薄适中,敷膜时间为15～20分钟。

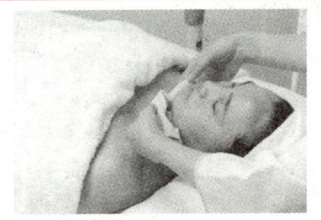

步骤21　卸膜
将软膜由下向上轻轻卷起,然后用洁面巾将剩余的软膜擦拭干净。

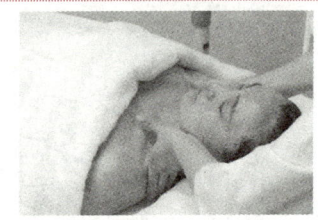

步骤22　保养
依次取适量的化妆水、精华素、营养霜,将其均匀地涂抹于顾客肩部、颈部、上胸部。

注意事项

※ 肩、颈部护理可以与面部皮肤护理一起进行,也可以根据顾客需求作为单项护理进行操作。

※ 肩、颈部护理的范围包括颈部、上胸部、肩部和大臂。

※ 在清洁时,必须选用适合肩、颈部皮肤的产品。

※ 在清洁完成后,肩、颈部不残留洁面乳,清洁时间控制为3～5分钟。

※ 肩部皮肤易干燥，而上胸部皮肤易出油，在护理时可以兼顾两者的特点，选用不同类型的按摩产品分别护理。
※ 按摩动作熟练、连贯，点穴准确。涂抹动作要轻柔，涂抹要均匀。
※ 颈部皮肤较薄，血管表浅，按摩力度要适中，不能压迫颈部血管。若顾客感觉不适，应立即减轻力度或停止按摩。
※ 肩、颈部的按摩时间一般为10分钟左右。

模块六
美容化妆

学习单元一　化妆基本功训练

一、素描训练

素描，是指使用相对单一的色彩，借助明度变化来表现对象的绘画方式。素描训练可以帮助美容岗位从业人员增强对客观物象的形体、结构、比例、明暗、质感、空间等多种造型因素及其规律的理解与运用，进而帮助美容岗位从业人员提高创造表现力。

美容岗位从业人员进行素描训练主要是为化妆造型奠定基础，即能够应用绘画的方式和原理，如线条造型、块面造型、明暗层次等，修饰五官轮廓，调整五官比例，塑造形象，达到造型要求。

1. 五官结构分析与素描表现

（1）眼睛的结构分析与素描表现（见表6-1）

表 6-1　眼睛的结构分析与素描表现

项目	说明或图示
素描示例	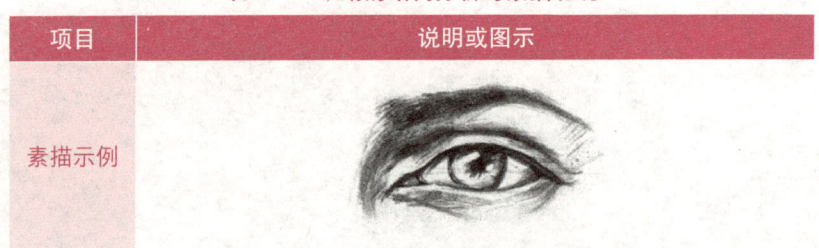

续表

项目	说明或图示
结构分析	◎ 眼睛处于面部最主要的位置 ◎ 从外观上看，眼睛由眼球、上眼睑、下眼睑、眼眶和泪囊组成 ◎ 眼球呈球体，嵌在头骨凹陷的眼眶处，并通过上下眼睑构成的眼裂露出
素描表现	◎ 上眼睑弧度大，弧度最高点位于中部，内外眼角呈水平线 ◎ 下眼睑弧度小，弧度的最高点位于距外眼角 1/3 处，下眼睑的内眼角低于外眼角 ◎ 上眼睑睫毛密而长，下眼睑睫毛稀而短，因此，一般眼线的描画是上粗下细，比例为 7：3，外眼角眼线的描画要比内眼角浓
注意事项	在眼睛素描时，不要只画局部，注意与相关部位的比例与调整

（2）眉的结构分析与素描表现（见表6-2）

表6-2 眉的结构分析与素描表现

项目	说明或图示
素描示例	眉头　眉峰　眉腰　眉梢
结构分析	◎ 眉毛由眉头、眉腰、眉峰和眉梢组成 ◎ 眉头到眉峰的长度约为眉长的 2/3，眉峰到眉梢的长度约为眉长的 1/3
素描表现	◎ 眼睛与眉毛之间的宽度为一只眼睛平视时的宽度 ◎ 两眉间距为一只眼睛轮廓的长度 ◎ 眉头起始于与内眼角相垂直的部位，眉峰应位于眉毛的 2/3 部位。注意在眼睛平视时，眉峰应在黑眼球的外侧 ◎ 眉梢位于与唇峰、鼻翼、外眼角连线延长线上，眉梢与眉头的高低基本呈水平线，或眉梢略高于眉头

(3) 鼻子的结构分析与素描表现（见表6-3）

表6-3 鼻子的结构分析与素描表现

项目	说明或图示
素描示例	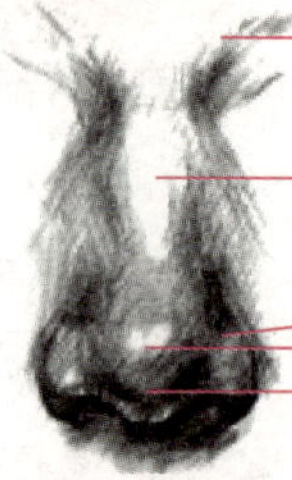 （鼻根、鼻梁、鼻翼、鼻尖、鼻头）
结构分析	◎ 鼻子位于面部的正中轴，是整个面部最凸起的部位 ◎ 由鼻梁、鼻头和鼻翼组成，鼻尖是鼻子的最高点 ◎ 鼻根是鼻子的低洼位置，接眉眼结构，鼻子从鼻根处纵向上翘
素描表现	◎ 鼻根始于眉头，鼻翼位于内眼角垂直线的外侧 ◎ 鼻梁由鼻根向鼻尖逐渐高起，鼻梁直而挺拔，鼻尖圆润秀气 ◎ 鼻梁近似于梯形体，其正面可以使用留白手法反映光线的照射，其侧面可以表现出暗部或半明暗部，以增加立体感 ◎ 鼻尖形似球体，两个鼻翼形似半球体，两者在形体特征上与鼻梁有明显区别

(4) 唇部的结构分析与素描表现（见表6-4）

表6-4 唇部的结构分析与素描表现

项目	说明或图示
素描示例	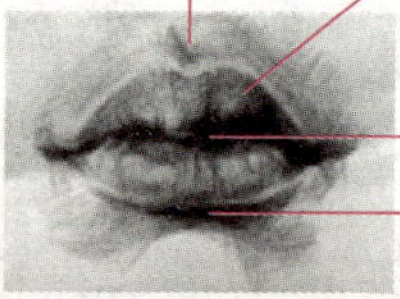 （人中、唇瓣、口缝线、颏唇沟）
结构分析	◎ 唇部整体呈微拱起的弧形，唇部周围由口轮匝肌环绕 ◎ 唇部在造型上由唇瓣、口缝线、人中、颏唇沟等构成

续表

项目	说明或图示
结构分析	◎ 口缝线是上下嘴唇闭合时形成的波状线，连接左右嘴角，是唇部表现情绪的重要部分 ◎ 唇部左右均等
素描表现	◎ 上唇略薄，下唇略厚，上唇角略短于下唇角，下唇角略向上翘，唇峰位于鼻孔内侧的垂直延长线，下唇的转折起始于唇峰对应处 ◎ 嘴唇分为上下两部分，为弧状曲面，面的转折处也是唇部的明暗交界线所在之处 ◎ 用虚实线条刻画口缝线，借此表现唇部的质感 ◎ 上嘴唇的明暗交界线由嘴角处穿过嘴唇边缘线与人中、唇周的肌肉结构相连接，在形体上形成丰富的明暗关系

2. 素描要素在化妆造型中的应用

（1）线条造型

素描造型的第一要素是线条，线条有粗细、长短、曲直、深浅等特性。在化妆过程中，利用线条的长短、粗细、弧度，以及明暗中的黑白灰、色块面积的大小和晕染等手段，可以塑造和矫正脸型、五官。比如，当化妆对象自身的外形与所需妆面外形存在一定距离时，可以运用线条的造型能力做适当的调整。将年轻人化装成老人，就需要先用结构线条以绘画的形式做勾勒，确定新的结构线，组成新的形，如图 6-1 所示。又如，在改变人的胖瘦结构时，在结构线的刻画与组合时运用拉宽缩短、变窄加长的原理。

图 6-1 用线条塑造老年形象

（2）块面造型

化妆师通过选择不同明度的粉底，塑造立体的视觉效果，如脸部的内轮廓打高光，外轮廓用暗影收缩，在黑与白之间利用中间灰过渡。

（3）明暗层次

在化妆中就是用阴影色、过渡色、亮色，加强或改变脸部结构和轮廓，使其更具立体感。阴影色会使脸部某些部位减弱、收缩，亮色会使脸部某些部位加强、突出。一般阴影色用在需要凹陷的部位，亮色用在需要突出的部位，过渡色起到衔接明暗的作用。化妆要突出的主体应表现得明确、显著，从属的部位则以衬托主体为目的。化妆可以利用阴影色、过渡色、亮色重新组成明暗层次，调整脸部结构，例如，在面颊两侧涂深色修容粉，可以使下颌显得窄小；在鼻翼两侧增加阴影，在 T 型区域增加提亮，可以凸显鼻部的立体效果，并修饰鼻形。

二、色彩训练

化妆造型是利用各种颜色的化妆品并借助化妆技巧表现人整体美的一种艺术形式。通常在一个妆型中会出现几种不同的颜色，因此，合理地运用色彩是决定妆容效果的重要因素。

美容岗位从业人员应加强色彩搭配组合能力的训练，提高对色彩的审美，掌握运用色彩造型的技能。进行色彩训练的前提是理解色彩的基本知识，即色彩的三要素、色彩的冷暖属性等知识。

扫码看文档

色彩基础知识

1. 妆色与服装的色彩搭配

在人的整体造型中，服装是表现效果最显著的部分。化妆不能独立在整体感觉之外，妆色要与服装的颜色相配合，从而达到造型的统一和谐。脸部的主色调与服装主色调相一致或接近时，整体有统一协调感，多用于生活领域的化妆。反之，成对比关系时，整体效果有动感。

2. 眼影的色彩运用

眼影大致可以分为阴影色、亮色、装饰色三种。

阴影色是收敛色，涂在希望凹的部位或者显得狭窄的应该有阴影的部位，一般使用深棕色、暗灰色、暗褐色。

亮色是突出色，涂在希望显得高、显得宽阔的部位，亮色一般是发白的，常用米色、灰白色、白色和带珠光的淡粉色。

装饰色可以是任何颜色，其真正的作用是表达自己，吸引人们的注意力。

对于不同妆型要采用不同的眼影色彩搭配，生活淡妆和新娘妆的搭配案例如下。

> **生活淡妆的眼影色彩搭配**
>
> 眼影效果：柔和，搭配简洁、自然。
> 常用色彩：浅棕、深棕、浅黄、浅蓝、蓝灰、粉红、米白、白、粉白等。
> 色彩搭配：①深咖啡＋浅黄，偏暖，明暗效果明显；
> 　　　　　②浅咖啡＋米白，中性偏暖，朴素；
> 　　　　　③蓝灰＋白，偏冷，脱俗；
> 　　　　　④粉红＋白，偏冷，青春而有活力；
> 　　　　　⑤珊瑚色＋粉白色，偏暖，喜庆活泼。

> **新娘妆的眼影色彩搭配**
>
> 眼影效果：以中性偏暖的喜庆色为主，但也应顾及化妆的季节和着装的特点。
>
> 常用色彩：以中性偏暖的喜庆色为主，但也应顾及化妆的季节和着装的特点。
>
> 色彩搭配：①咖啡+橙红+米白，喜庆大方；
> ②紫褐+珊瑚红+粉白，喜庆而妩媚；
> ③天蓝+夕阳红+蓝白，喜庆而娇柔；
> ④蓝紫+玫瑰红+米白，喜庆而高雅。

多种眼影色彩的丰富运用有助于眼睛的美化，但如果运用得不恰当，反而会凌乱无序，破坏整体妆容效果。在用多色眼影修饰眼部时，一定要从整体效果出发，注意活用色彩原理。可以使用以下方法进行搭配，这些方法也适用于整体妆色的搭配。

（1）色彩的统一

在变化中求统一是取得美感的基本法则，也是色彩和谐感的关键所在。应用时可以依据服装色找到主色调，在主色调的基础上加上其他颜色。

（2）色彩的比例

色彩的比例，即在造型中各种色彩占有量的比例关系。多种颜色的眼影组合在一起，如果每种颜色的面积大小都相等，就容易形成视觉上的凌乱感。在涂眼影时，主色调的面积可大一点，其他色彩的面积要小，仅作为陪衬与点缀，各种颜色的眼影在眼部呈现的形状、大小要有变化。

（3）色彩的对比

在使用多色眼影修饰眼部时，可以采用明度对比、纯度对比、冷暖对比、补色对比等方法使色彩搭配合理、美观。

1）明度对比。即深浅对比，可以通过颜色的深浅变化塑造眼部形象。

2）纯度对比。即艳浊对比，一般来讲，在纯度对比时，鲜而亮的色彩显得艳丽，相反则有朴素感；有色系显艳丽，无色系显朴素。所以，纯度对比强，眼妆鲜明华丽，反之显得柔和。

3）冷暖对比。指将色彩的色性倾向进行比较的色彩对比。有时为追求动感而借助色彩的冷暖对比以表现轻重感和进退感。

3. 腮红的色彩运用

腮红通常以红色为主，但不同颜色的腮红具有不同的效果。腮红色调的选择还应考虑与皮肤的色调、服装的色调相协调。

（1）肤色偏黄、偏黑者用橙色、浅棕色等暖色作腮红，可以取得良好的整体效果。

（2）肤色白皙者，若用色彩纯度低的腮红色，容易获得自然而生动的效果。在一般的生活妆中，浅棕红、浅桃红、淡玫瑰红等比较适合肤色白者选用。

4. 唇妆的色彩运用

东方人唇色最好选择暖色，这样能使皮肤看上去粉嫩、透明。唇色应与肤色、服装、妆型相协调。

（1）唇膏色与肤色的配合（见表6-5）

表6-5　唇膏色与肤色的配合

肤色	唇膏选择
浅冷肤色	玫瑰红、桃红、粉红等略带冷色性的唇膏

续表

肤色	唇膏选择
黄肤色	棕红、酒红、橘红等略带暖色性的唇膏
深肤色	如果想显得肤色白一些，可涂深色唇膏。若要突出皮肤健康麦色，可涂浅色唇膏
灰暗肤色	如果没涂抹底妆，则不宜涂抹鲜艳的唇膏，可涂浅红或略带自然红的本色唇膏

（2）唇膏色与服装颜色的配合（见表6-6）

表6-6　唇膏色与服装颜色的配合

服装颜色类型	唇膏色选择原则
单色服装	选择服装颜色的协调色或者点缀色
两种以上颜色服装	选取服装的主要色调
冷色调服装	选取与服装色调和谐的冷色调
暖色调服装	选取与服装色调和谐的暖色调
深色服装	选取与服装色调和谐的深色唇膏
浅色服装	选取与服装色调和谐的浅色唇膏

（3）唇膏色与妆型的配合

1）与淡妆搭配。在淡妆中，唇膏主要为了让唇部显示一种健康的红润血色。唇膏应选择浅色、透明色、鲜艳度低的颜色。

2）与浓妆搭配。晚妆、宴会妆、装饰性化妆、时尚妆等，唇膏色往往需要作为整个面部化妆的一种点缀或装饰色，既可以浓艳，也可以夸张。但无论选用什么颜色，都应使唇色与整体妆容风格协调一致。

学习单元二 彩妆化妆品和化妆用具

一、彩妆化妆品

彩妆化妆品是指涂敷、喷洒于面部、颈部等部位，起到美化修饰容貌及增添魅力作用的化妆品。常用的彩妆化妆品可以分为底妆产品、眼妆产品、眉妆产品、唇妆产品、腮红产品五类。

1. 底妆产品

常用的底妆产品主要有妆前产品、粉底产品、遮瑕产品和定妆产品等，具体的产品用途及特点见表6-7。妆前产品用于护肤后及化妆前，一般具有隔离彩妆、保护皮肤、修饰肤色、调整肤质状态等作用。其中隔离霜一般具有防晒作用。粉底产品用于调整肤色、遮盖瑕疵和修饰面部轮廓等。遮瑕产品用于遮盖黑眼圈、色斑、毛孔、细纹等皮肤瑕疵，不同颜色的遮瑕产品作用不同，如绿色用于遮盖面部红血丝及痘印，深浅不同的肉色用于遮盖黑眼圈、色斑等。定妆产品主要用于固定底妆，防止晕妆，使妆容更持久。

表 6-7 底妆产品的用途及特点

产品类别	主要产品	用途及特点
妆前产品	隔离霜、妆前乳	针对不同肤质可选择不同功能的妆前产品，以有效改善上妆的状态，如保湿型妆前乳适合干性皮肤。不同颜色的妆前乳用于不同的皮肤，如紫色妆前乳可以调整暗黄肤色；绿色妆前乳可以调整泛红肤色；粉色妆前乳可以提亮肤色，使皮肤红润光彩；白色妆前乳可以提亮肤色，改善肤色不匀现象
粉底产品	粉底膏	固体状，油脂及粉质含量高，遮盖力较强，妆效较持久，适用于晚宴妆、舞台妆。但因含水量较少，容易引起皮肤干燥起皮，因此使用前需用滋润的乳液或面霜打底，一般用潮湿的化妆海绵涂抹，卸妆时也要使用清洁力强的卸妆产品
粉底产品	粉底液	半流动液体状，粉质和油脂含量较少，容易涂抹，可以用湿海绵或粉底刷上妆，也可以用手直接涂抹上妆。但其遮盖力较弱，效果真实自然，适用于日常生活及自然光线下清透自然的淡妆
粉底产品	粉底霜	霜体，较浓稠，质地介于粉底膏和粉底液之间，遮盖力优于粉底液，黏附性及延展性较好，可以用湿海绵或粉底刷上妆。其应用范围广，适用于日妆、新娘妆、晚妆和影视妆
遮瑕产品	遮瑕膏	固体状，性质较干，适合与粉底霜一起使用

续表

产品类别	主要产品	用途及特点
遮瑕产品	遮瑕液	液体状，质地较为轻薄，适合与粉底液一起使用
定妆产品	蜜粉	呈松散粉末状，又称散粉，可以吸收脸部多余油脂，使皮肤显得更细腻。可以用定妆粉刷或粉扑定妆
	粉饼	由多种粉体原料及黏合剂（油脂成分）胶合压缩成饼状，粉质含量较高，便于携带，可以去除油光，不易脱妆。粉饼中有一种干湿两用粉饼，干用直接取用，起到定妆、补妆效果，湿用将海绵扑润湿后取粉，可增强遮盖力
	定妆喷雾	化妆完成后使用，有防止脱妆、使妆容持久的作用

2. 眼妆产品

眼妆产品主要有眼影产品、眼线产品和睫毛产品。其中眼影产品主要用于改善眼型轮廓，以及增强眼部立体感等；眼线产品用于勾画眼型轮廓；睫毛产品用于修饰睫毛以增加眼部神采。眼妆产品的用途及特点见表 6-8。

表 6-8　眼妆产品的用途及特点

产品类别	主要产品	用途及特点
眼影	粉状眼影	粉状，具有质地细腻、上色均匀、延展性与叠加性好等特点，普遍使用。一般分为珠光和亚光两种。一般用眼影刷蘸取、涂抹
	膏状眼影	固体膏状，油脂成分较多，具有容易涂抹、色彩饱和度高等特点，用眼影棉棒或指腹蘸取、晕染
	液体眼影	液体状，具有延展性好、容易涂抹等特点，可以直接用手指涂抹
眼线	眼线笔	外观为铅笔状，笔芯柔软，具有颜色柔和、易晕染的特点。使用时应将眼线笔头削成圆形，笔尖无尖锐角且不宜过长
	眼线液笔	外观为细管状，内部笔芯为液体，笔尖为毛笔状细刷头，使用起来柔滑、流畅，笔刷部位质地柔顺，上妆精准、贴合，具有防水、不易脱妆、容易描画的特点，不损伤眼部皮肤

续表

产品类别	主要产品	用途及特点
眼线	眼线膏	固体状，具有表现力强、妆效持久的特点。在使用时，可先将眼线刷蘸取少量水保持润泽，然后再蘸取眼线膏进行描画，在眼线未干时，可以结合眼影晕染
睫毛	睫毛膏	涂染于睫毛上，使睫毛显得浓密、纤长、卷翘。睫毛膏根据功效不同可以分为纤长型睫毛膏、浓密型睫毛膏、防水型睫毛膏等，常用的有黑色、棕色等
睫毛	睫毛定型液	用于持久固定卷翘的睫毛，在睫毛夹夹翘后使用，既可以单独使用，也可以与睫毛膏配合使用。常用的有透明色和黑色

3. 眉妆产品

眉妆产品用于修饰眉毛，主要有眉笔、眉粉、染眉膏，具体见表 6–9。

表 6–9　眉妆产品的用途及特点

主要产品	用途及特点
眉笔	用于勾画眉形、填充眉色及增加眉毛立体感，常用的颜色有灰色、黑色和棕色
眉粉	利用胶合压缩技术制成饼状，与粉饼质地相似，具有易于晕染、附着力强、色泽自然柔和的特点。一盒眉粉中有两三种不同深浅的棕色或灰色

主要产品	用途及特点
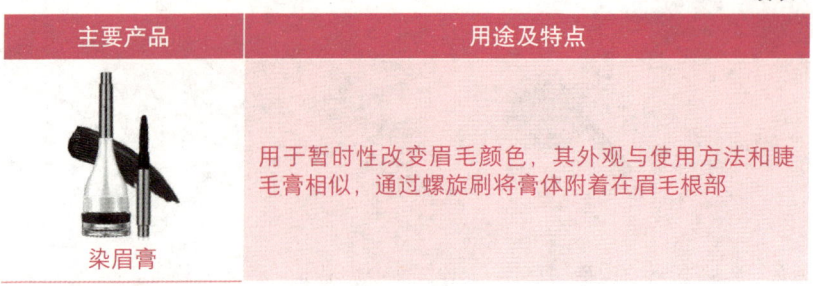 染眉膏	用于暂时性改变眉毛颜色,其外观与使用方法和睫毛膏相似,通过螺旋刷将膏体附着在眉毛根部

4. 唇妆产品

唇妆产品主要用于修饰嘴唇,起到滋润唇部及增加唇部色彩等作用,主要有唇膏、唇彩、唇线笔等,具体见表6-10。

表6-10 唇妆产品的用途及特点

主要产品	用途及特点
唇膏	又称口红,一般为固体,主要成分是蜡、油、色素等。唇膏的色彩饱和度高,遮盖力强,具有保湿、调色、美化和保护唇部的功能。唇膏有珠光质地、滋润质地及亚光质地之分,可以直接涂抹或用唇刷取色后涂抹
唇彩	黏稠液体状,富含各类高度滋润油脂和闪光因子,能使双唇润泽光彩、立体感强
唇线笔	用来勾勒嘴唇外部轮廓,修饰、改善唇形,搭配同色系唇膏、唇彩使用。在使用时,沿着唇部的外轮廓直接描绘即可

5. 腮红产品

腮红产品用于面颊修饰，能起到增加颜面气色、修饰脸型轮廓及增强脸部立体感的作用，依据质地分为粉状腮红、液状腮红、膏状腮红，具体见表 6-11。

表 6-11 腮红产品的用途及特点

产品类别	用途及特点
粉状腮红	粉饼状或散粉状，遮盖力比粉底弱，色调比粉底深，常有暖调橘色系和冷调粉色系，根据材质不同又分为珠光型和亚光型
液状腮红	呈液体状，质地水润、清透，妆效自然、持久，具有速干特性，在定妆前使用，可以用手指上妆
膏状腮红	膏体状，含油脂成分较高，妆效自然、润泽，定妆前使用，借助海绵或者手指直接上妆

二、化妆用具

化妆用具为化妆中使用的工具和用品，可以分为化妆专用笔刷类工具、化妆专用辅助用具、清洁用品和其他辅助用具等。

1. 化妆专用笔刷类工具

专业化妆工具有很多，使用频率最高的为各类化妆专用笔刷类工具，简称化妆刷，常用化妆刷及用途见表 6-12。

表 6-12　常用化妆刷及用途

使用部位	名称	图示	用途
面部	大粉刷		扫除定妆时多余的定妆粉
	修容刷		修饰面部轮廓，使脸部立体、柔和
	腮红刷		用于刷腮红
	扇形刷		保持妆面洁净
	轮廓刷		修饰面部轮廓，配合阴影色或光影色使用
	遮瑕刷		遮盖面部细小部位的瑕疵，或修饰遮盖眼袋及黑眼圈

续表

使用部位	名称	图示	用途
眉眼部	眼影刷		用于眼影的晕染
	斜面眉刷		用于蘸眉粉，描画眉毛
	眼线刷		用于蘸眼线膏，描画眼线
	螺旋刷		用于梳理睫毛，或晕染眉毛结块部位
唇部	唇刷		用于勾勒唇线，涂抹唇膏

相关链接

化妆刷的清洁与保养

※ 化妆刷使用后，对于明显且少量的脏污，可以用纸巾顺着刷毛的方向将脏污擦去。

※ 化妆刷需定期彻底清洗，清洗频率可以根据化妆刷的用途和材质决定。

※ 清洗化妆刷的步骤如下：

第一步：在容器内倒入适量专业洗刷水，如果没有洗刷水，可以用稀释后的温和洗发液代替。

第二步：把刷毛部位浸在洗刷水中，充分浸透，然后在洗刷水中轻轻洗涤，必要时用手指轻轻按压刷毛。如脏污较严重，可以多次重复上述步骤。

第三步：洗净后，将刷毛上的水轻轻捏去，用纸巾尽量将多余的水分吸掉。

第四步：将刷毛整理成原有的形状，套上专用刷网或用纸巾包裹起来，直至风干。切忌将化妆刷放在阳光下晒干或用吹风机吹干。

2. 化妆专用辅助用具

化妆专用辅助用具的用途及使用方法见表6-13。

表6-13 化妆专用辅助用具的用途及使用方法

类别	化妆专用辅助用具	用途	使用方法
修眉工具	修眉刀	修整眉形，刮除多余的眉毛	◎ 左手撑开眉毛或发际周围的皮肤，使皮肤绷紧 ◎ 右手持修眉刀，与皮肤成15°角，刮除多余的眉毛
	眉镊	修整眉形，拔除多余的眉毛	◎ 左手撑开眉毛周围的皮肤，使皮肤绷紧 ◎ 右手持眉镊，顺着眉毛生长方向将多余的眉毛拔除

续表

类别	化妆专用辅助用具	用途	使用方法
修眉工具	眉剪	修剪杂乱及下垂的眉毛，修剪美目贴及假睫毛	◎ 左手用眉梳将眉毛梳起 ◎ 右手用眉剪将超出眉梳部分的眉毛剪掉
	眉梳	修剪眉毛前后可用眉梳理顺眉毛	手持眉梳，按照眉毛生长的方向轻轻梳理
底妆工具	化妆海绵	使粉底涂抹均匀，并使粉底和皮肤紧密贴合	◎ 将化妆海绵打湿并拧干 ◎ 蘸粉底后，以按压、扭转及拉抹的方式将粉底涂敷于面部
	粉扑	涂拍定妆粉，防止妆面被蹭花	用粉扑蘸取定妆粉后，以按压的方式将定妆粉涂于面部
美目美睫工具	美目贴	修饰眼形	◎ 确定需要修剪的形状 ◎ 用眉镊将美目贴贴合于需要修饰的眼睑部位
	睫毛夹	使睫毛卷曲上翘	◎ 梳理整齐睫毛 ◎ 夹睫毛根部、睫毛中部、睫毛梢部
	眼影海绵	涂抹眼影，调节眼影层次感	◎ 用眼影海绵平的一面蘸取眼影，轻轻地涂抹在眼睛上方 ◎ 借助眼影海绵边缘或边角，涂抹出层次感

续表

类别	化妆专用辅助用具	用途	使用方法
美目美睫工具	假睫毛	增加睫毛的浓密度及长度，使眼睛看上去更有神采	◎ 修剪假睫毛的宽度，涂上睫毛黏合剂后，贴于睫毛根部
	睫毛黏合剂	涂抹于假睫毛根部用于粘贴	用镊子或者棉签蘸取适量睫毛黏合剂，涂在假睫毛的根部

3. 清洁用品（见表6-14）

表6-14　清洁用品的用途

用品名称	用途
酒精消毒棉片	用于手部及金属工具的清洁与消毒
棉签	用于清理局部污渍及眼部卸妆
棉片	用于妆前护理及卸妆
纸巾	用于清洁局部或维持妆面，也可以清洁化妆用品、用具
湿纸巾	用于清洁化妆用品、用具，还可以用于清洁双手

4. 其他辅助用具（见表6-15）

表6-15　其他辅助用具的用途

用具名称	用途
化妆头巾	用于保护头发，防止头发散乱
毛巾	用于化妆时保护顾客衣物

续表

用具名称	用途
发夹	用于固定额前或面颊两旁的头发
美工刀和卷笔刀	用于削眉笔、眼线笔及唇线笔
小镜子	顾客用小镜子观察化妆效果
化妆包	用于携带化妆用品、用具
化妆箱	用于携带化妆用品、用具

学习单元三　基础化妆程序

化妆是一门综合性艺术，主要是弥补人面部的不足，美化容颜，提升形象。一般的化妆程序主要包括：化妆前的准备工作、化基面妆和化基点妆等。

一、化妆前的准备工作

1. 环境布置与工具准备

（1）环境布置

打开化妆镜台上的照明灯，理想的化妆镜上方应横向装有照明灯（避免使用日光灯管），灯泡可以环绕镜子的上方与左右两边，这样光线比较柔和、效果好。

（2）化妆用品、用具准备

在化妆前，应将化妆用品、用具整齐地摆放在桌面上，以方便操作时取用。在化妆的过程中，不同操作程序使用的用品、用具也不同。不同操作程序的化妆用品、用具选择见表6-16。

表 6-16　不同操作程序的化妆用品、用具选择

操作程序	用品选择	用具选择
准备	无	毛巾、化妆头巾、发夹、酒精消毒棉片
修眉	无	修眉刀、眉剪、眉镊、眉梳、纸巾
面部清洁	选择易于清洗的卸妆液	棉片
	选择易于清洗的非起泡型洁面乳	棉片或湿纸巾
润肤	◎ 为避免脱妆，可以选择收敛型化妆水，若皮肤较干或年龄较大，则可以选择补水型化妆水 ◎ 为避免晕妆或打粉底时出现打滑现象，尽量选择含水分较多的润肤乳	棉片
修颜	根据肤色，在紫色、绿色、粉色、白色等妆前乳中选择合适的产品	无
涂粉底	◎ 可以选择含水分较多、保湿效果较好的粉底液。对于干性皮肤，可以选择粉底霜；对于油性皮肤，可以选择轻薄型的粉底液或粉饼 ◎ 选择与顾客肤色接近或较顾客肤色亮一号的粉底液	化妆海绵
定妆	◎ 选择粉质细腻、轻薄、透明的蜜粉或粉饼 ◎ 蜜粉或粉饼的色号以接近粉底色为宜，或选择适合各种肤色的蜜粉或粉饼	大粉刷、粉扑
画眉	◎ 准备浅棕色、深棕色等颜色的眉笔或眉粉，根据顾客的肤色、发色等确定最终用色 ◎ 不宜选用偏红的棕色	斜面眉刷、螺旋刷、美工刀
晕染眼影	◎ 准备各种颜色的眼影粉，根据顾客的服装、肤色等确定最终用色 ◎ 选择质地细腻、色泽纯正的眼影粉	眼影刷

续表

操作程序	用品选择	用具选择
描画眼线	◎ 选择黑色眼线笔或眼线液笔，也可以根据顾客特点及妆面效果选择褐色眼线笔或眼线液笔 ◎ 眼线笔宜选择软硬适中的	美工刀或卷笔刀
刷睫毛膏	◎ 根据睫毛的长短和妆面需求选择纤长型或浓密型睫毛膏 ◎ 刷睫毛膏前需先将睫毛用睫毛夹夹卷翘	睫毛夹
涂腮红	◎ 根据顾客的服装及整体妆面色调选择合适的腮红颜色，且腮红色需与眼影色、唇色协调	腮红刷
画唇	◎ 唇线笔颜色要接近或略深于唇膏、唇彩颜色 ◎ 根据顾客的服装及妆面效果选择唇膏、唇彩颜色	唇刷、棉签、卷笔刀
整体妆面衔接、修整	为使颈部肤色与脸部妆色自然衔接，需选择颜色与面部粉底色接近或较其深一号的粉底和透明蜜粉	化妆海绵、大粉刷、粉扑

2. 顾客服务工作和卫生工作

化妆前顾客服务工作和卫生工作的步骤

步骤 1

请顾客就座，调整顾客座椅高度。在顾客胸前围上一块毛巾，保护顾客衣物，以使其干净、整洁。

步骤 2

将顾客的刘海儿或两侧的头发用发夹或发带固定，以方便化妆操作。

化妆前顾客服务工作和卫生工作的步骤	
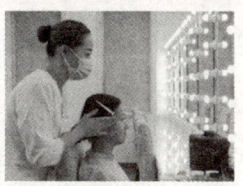	步骤3　形象分析，交流沟通 通过交流沟通了解顾客的喜好与要求，同时阐明造型师的观点与创意，营造和谐融洽的工作气氛。同时，通过观察、询问、了解顾客外形特点和皮肤禁忌，以选择与其相适应的造型手段和化妆用品。
 步骤4 按照七步法消毒双手。	 步骤5 使用消毒湿纸巾消毒工具。

3. 分析顾客的五官与脸型

在给顾客化妆前，要客观、准确地分析顾客的面部特点，化妆过程中使用一些修饰方法，使得脸型与五官相协调。

（1）脸型特征与修饰

常见脸型有椭圆形、圆形、方形、长形、正三角形、倒三角形、菱形等，各种脸型的特征及修饰方法见表6–17。

表6–17　各种脸型的特征及修饰方法

类型	特征	修饰方法
椭圆形脸	下颏呈尖圆形，脸颊饱满呈弧面，面部长宽比例为4∶3	◎若五官比例协调，则重点修饰皮肤，尽量使用浅淡妆容，突出自然美 ◎若五官不协调，就要对局部五官进行修饰调整

续表

类型	特征	修饰方法
圆形脸	面部肌肉饱满，呈满月状，较椭圆形脸宽，下巴、前额轮廓线呈圆形。面部长宽的比例小于4∶3	此种脸型不宜选用偏白的粉底色，可以使用阴影色在发际线处和颧骨下方稍加修饰，同时使用亮色进行眉弓、鼻梁、颧骨等部位的提亮，以突出面部立体效果
方形脸	前额与下颌较宽，且呈等宽状，额线呈方形，整体有刚硬感，柔美不足	在线条转折硬朗处用阴影色晕染，弱化线条感，在额中部、颧骨和下颏处涂亮色，突出立体感。在底妆塑造上要注意柔化，亮部高光和暗部修容色对比不宜太强烈
长形脸	两颊消瘦，面部干瘦、脸长与脸宽比例过大，两侧较窄，呈上下长、中间窄状，缺乏生气及柔和感	在额上方及下颏处用阴影色收敛，视觉上缩短脸长。在额两侧、颧骨外侧、下颌角涂亮色，视觉上拉宽面部
正三角形脸	前额窄、下颌骨宽、脸部转折处线条明显，下颏与下颌角在同一水平线上，视觉上整个脸形呈正三角形	注重使用暗色粉底加强颧骨下方至下颌骨部位的修饰

续表

类型	特征	修饰方法
倒三角形脸	前额较宽，下颌较窄，呈上宽下窄状，视觉上脸型呈倒三角形	在下颌骨两侧涂亮色，在两额角和下颏位置涂阴影色，以调整倒三角形
菱形脸	额骨窄，颧骨宽且突出，下颌骨凹陷，下颏尖且长	需使用暗色粉底修饰颧骨外侧，不宜提亮颧骨部位

（2）五官比例特征及分析

虽然美女的五官各不相同，但公认的美人脸是遵循一定黄金比例的。"三庭五眼"是人的脸长与脸宽的一般标准比例，如图6-2所示。

三庭：指脸的长度比例，把脸的长度分为三个等分，从前额发际线至眉骨，从眉骨至鼻底，从鼻底至下颏，各占脸长的1/3。

五眼：指脸的宽度比例，以眼形长度为单位，把脸的宽度分成五个等分，从左侧发际至右侧发际，为五只眼长。两只眼睛之间有一只眼睛的间距，两眼外侧至侧发际各为一只眼睛的间距。

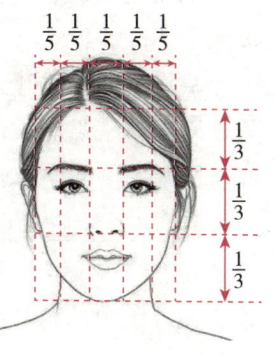

图6-2 五官比例

除了"三庭五眼"，各部分还分别拥有独自的黄金比例，具体在后面介绍。

二、化基面妆

基面妆是面部化妆的基础,是指对整个面部进行修饰化妆。化基面妆的操作程序为:修眉→面部清洁→润肤→修颜→涂粉底→定妆。其中,修眉为第一个步骤,面部清洁和润肤是连续操作,修颜、涂粉底和定妆也称为化底妆与定妆。以下分三个部分分别介绍。

1. 修眉

修眉是根据顾客自身的眉形,结合其五官特点进行的眉形修饰。在素描部分介绍了眉毛的构成及其比例关系,因此,在修眉时要注意使眉毛符合审美要求。

(1)眉毛的构成及其在面部的比例关系

眉毛由眉头、眉腰、眉峰和眉梢构成,其比例关系已经在素描训练中进行了介绍。

眉毛的重点在于眉峰位置及下侧角度。眉头位于鼻翼、内眼角连线的延长线上(两眉头间距以恰好容下一只眼睛为最佳)。眉峰位于白眼珠外侧边缘的正上方(根据脸型决定高度)。眉梢位于鼻翼和外眼角的延长线上(高度与眉头持平或略高)。眉毛下侧角度约为10°,如图6-3所示。

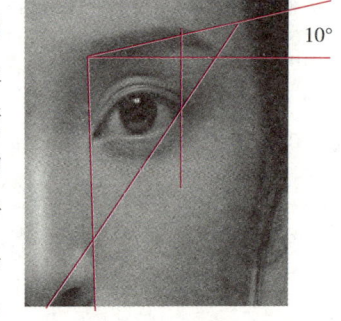

图6-3 眉在面部的比例关系

(2)常见眉形

常见眉形及其特点见表6-18。

表6-18 常见眉形及其特点

眉形	图示	特点
自然眉		从眉头到眉梢呈现缓和的自然弧度，显得自然、大方
一字眉		呈水平的直线，有的粗而短，有的粗而长，显得青春、可爱
弧形眉		眉峰弯曲柔和，能体现女性的优雅、温和、柔顺
挑眉		眉头低，眉峰高挑、有棱角。眉峰挑起的程度不同，展示的气质也不同
大刀眉		眉头略细，眉峰粗，线条硬朗、刚毅，适合男士

（3）修眉的操作步骤

修眉的操作步骤	
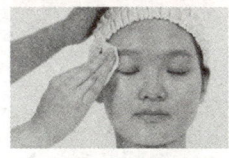 **步骤1 清洁** 用湿棉片将顾客眉毛及周围皮肤清洁干净。	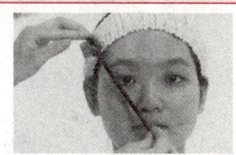 **步骤2 确定眉形** 根据顾客的脸型特点，在原眉形基础上，确定眉毛各部位的位置。
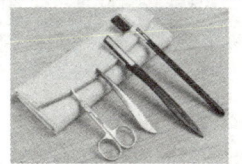 **步骤3 选择修眉工具** 选用合适的修眉用具，修去眉形以外多余的眉毛。修眉刀适合快速修眉，且对皮肤刺激较小。眉镊修眉主要针对局部或少量眉毛，不适宜大面积拔除。眉剪适宜修整较长的眉毛。	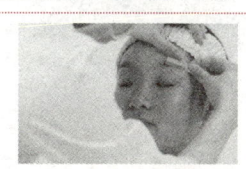 **步骤4 用修眉刀修眉** 左手拇指提起顾客的眉弓，绷紧皮肤。用修眉刀在眉毛根部沿眉毛生长方向刮掉多余的眉毛。

美·容

修眉的操作步骤

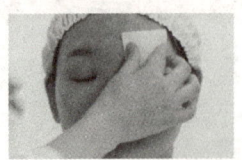

步骤5　用眉镊修眉①
修眉前可以适当热敷眉毛部位，使毛孔张开，便于拔眉。

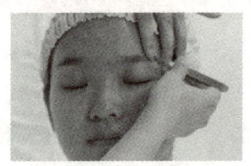

步骤6　用眉镊修眉②
左手食指、中指撑开修眉的部位，将需修眉部位的皮肤绷紧，顺着眉毛的生长方向快速地将多余的眉毛拔除。

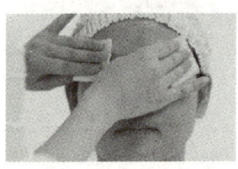

步骤7　用眉镊修眉③
眉毛拔除后涂抹少许润肤乳舒缓皮肤，或用浸有收敛水或化妆水的棉片冷敷一下。

步骤8　用眉剪修眉
用眉梳将眉毛梳起，超出眉梳部分的眉毛用眉剪剪去。

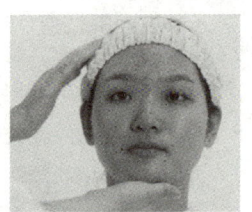

步骤9　调整左右眉形
注意整体协调，左右对称。

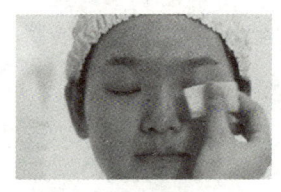

步骤10　完成
将掉落在顾客脸上的眉毛扫去，修眉完成。

注意事项

※ 修眉手法正确能避免因失误划伤顾客。
※ 注意依据顾客自身眉形，结合其五官特点进行眉形的设计。眉形不宜夸张，应粗细适中。

扫码看视频　　修眉的步骤与技巧

2. 面部清洁和润肤

面部清洁和润肤的操作步骤	
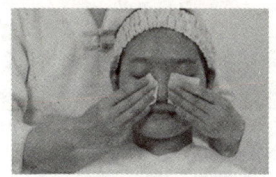	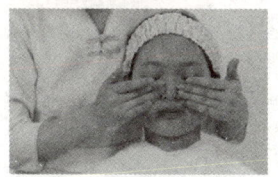
步骤1　面部清洁	步骤2　妆前润肤
用湿棉片蘸卸妆液进行全脸卸妆，再用洁面乳清洁面部，然后用一次性洁面巾或湿纸巾将面部清洁干净。	喷化妆水，用轻拍的方法让皮肤吸收。待水分吸收后涂抹乳液，并轻轻按摩直至皮肤完全吸收。

3. 化底妆与定妆

化底妆与定妆的操作步骤

步骤1　选择修颜液与粉底液的颜色
根据顾客肤色及不同部位的需求选择合适的修颜液和粉底液。其中,粉底液的颜色应选择与顾客肤色接近或比顾客肤色深一号的。

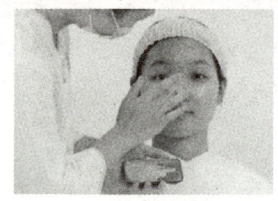

步骤2　修正肤色
将修颜液或妆前乳分别点在额、鼻、两颊、下巴等部位,以轻拍及打圈的方法将修颜液或妆前乳均匀涂抹于脸部。

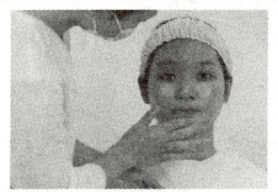

步骤3　涂抹粉底①
将选好的粉底液分别点在额、鼻、两颊、下巴等部位。

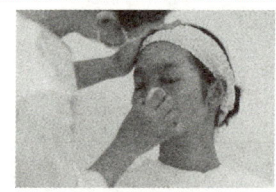

步骤4　涂抹粉底②
用潮湿的化妆海绵以点按、轻压的方式将粉底液均匀地涂抹于全脸。T区等容易出油的部位可以用点按的方式涂抹。

步骤5　涂抹粉底③
眼睑、鼻翼等有褶皱的皮肤部位可以用轻轻拉抹的方式将余粉抹去。注意面部与颈部的色彩应衔接。

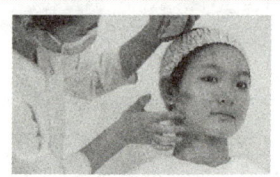

步骤6　修容①
针对模特下颌骨较突出且面颊圆润的特点,可在颧骨下方至下颌骨部位涂深色粉底。

化底妆与定妆的操作步骤

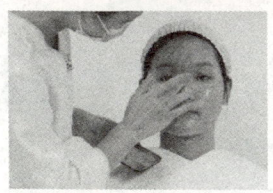

步骤7　修容②

针对模特的脸形特点，可在T区、额头、眉弓、颧骨上方、下巴等部位使用亮色粉底提亮。若顾客颧骨较高或者下巴较长，可以省略此步骤。亮色和暗色以所选粉底色为基准并自然衔接。

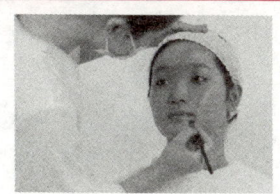

步骤8　遮瑕

使用遮瑕膏遮盖黑眼圈、痘印、痣、疤痕等脸部瑕疵。

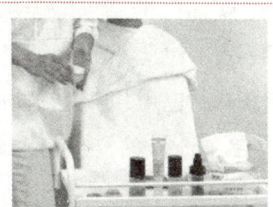

步骤9　定妆①

根据顾客的肤色选择散粉的色号或选择适合各种肤色的透明色散粉。

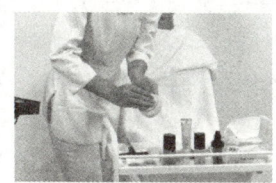

步骤10　定妆②

使用粉扑蘸取少量散粉，然后再取一块粉扑，将两块粉扑互相揉按，以使粉扑上的散粉均匀。

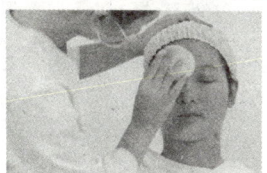

步骤11　定妆③

以按压的方式将散粉扑于全脸，要求散粉薄而均匀。

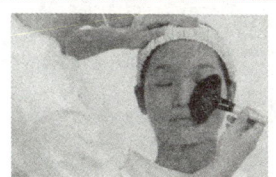

步骤12　定妆④

可用大粉刷刷去多余的散粉。

化底妆与定妆的操作步骤
 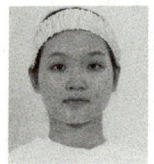 
步骤 13　结束　　　　化底妆前　　　化底妆后 最后整体观察效果。

三、化基点妆

基点妆是指对五官及局部进行修饰化妆。化基点妆的一般顺序为：画眉、晕染眼影、描画眼线、修饰睫毛、涂腮红、画唇，最后进行整体妆面衔接、修整。但在实际操作中，也可以根据实际情况调整顺序，如可以先描画眼部妆容再画眉，画眉之后再调整眼影和鼻侧影，使其衔接自然。

1. 画眉

眉毛是面部非常重要的部位之一，可以综合或单独运用眉粉、眉笔修饰眉形，具体要求是：第一，线条自然流畅；第二，眉形虚实结合，真实自然，具有立体感；第三，色彩柔和服帖。眉色要根据整体造型设计选择，一般多选择灰色或棕色。

画眉的操作步骤

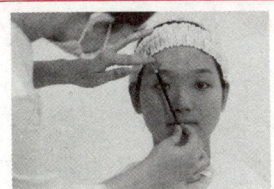

步骤1　确定位置与造型

经过修整后的眉毛形状已经比较清晰，但每个人的眉毛粗细、长短不一，仍要灵活应用前面所学的知识，确定眉毛的位置与造型。

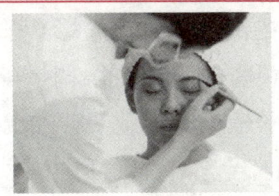

步骤2　打轮廓

对于眉毛比较浓密的顾客可用眉刷蘸取少量的眉粉顺着眉毛生长方向描画，使眉色均匀。对于眉毛比较稀疏的顾客，应先用眉粉将眉形勾勒出来，再用眉笔重点刻画。

步骤3　重点刻画

在重点刻画时，眉腰下方加深，越往上越淡；眉头较淡；眉梢逐渐虚化。还可以使用眉笔顺着眉毛生长方向穿插补充刻画眉毛，增加真实感。

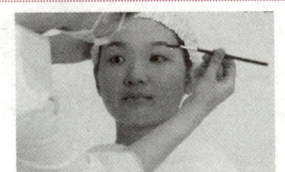

步骤4　整体协调

在化妆过程中要注重整体观察，不断调整。注意左右眉毛应对称。

注意事项

在画眉过程中，要做到灵活选用工具。

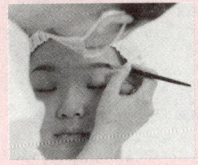

用眉刷打稿

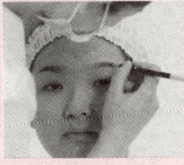

用眉笔重点勾勒

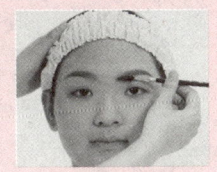

用螺旋刷刻画

2. 晕染眼影

在化日妆时,眼影色彩运用要柔和,色彩搭配要简洁,可以根据顾客的服饰色协调搭配。眼部结构较立体的人可以用单色眼影水平晕染,由睫毛根部往上,色彩呈现出由深到浅的渐变。对于眼部结构相对平面的人,要略微加深外眼角,从上眼睑外眼角睫毛根部向上及向内眼角方向轻轻晕染。在眉骨和内眼角处可以用白色、鹅黄色或浅杏色眼影提亮,使眼睛呈现立体层次感。为避免视觉上"加重"问题,对于肿眼泡或眼袋下垂者,眼影色忌用红色。

晕染眼影的操作步骤	
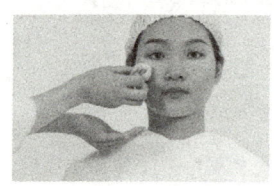 **步骤 1　垫散粉** 先在眼睛下方垫些散粉,防止眼影粉掉落弄脏脸颊。	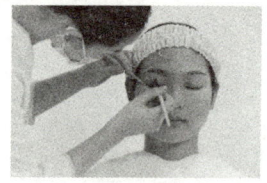 **步骤 2　晕染眼影①** 首先将深色的眼影涂抹在眉弓下方的外眼角处,然后逐渐向内眼角和眉弓方向晕染开来,眼影边缘向上消失在眉弓下方和眼球的交界处,向前消失在眼球的 1/2 至 2/3 处。两眼描画要一致。

晕染眼影的操作步骤

步骤3　晕染眼影②
画下眼影时由后向前晕染,由深到浅,逐渐消失在眼球 1/2 处。

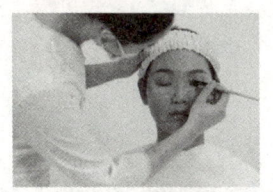

步骤4　晕染眼影③
将浅色眼影涂在内眼角处,并在上眼睑向后晕染,在眼球的 1/2 处和深色眼影晕染层自然衔接。下眼睑的内眼角处也可以涂些亮色,以增添时尚感。

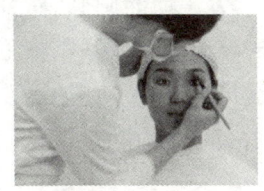

步骤5　眉弓处理
将白色眼影涂抹在眉弓上,突出眼部结构,同时注意与深色眼影晕染层的衔接。

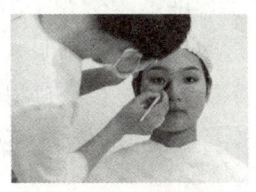

步骤6　鼻部处理
使用鼻侧影刷(斜圆面刷头)蘸少许浅棕色眼影粉涂抹在鼻根部,与眉头衔接,同时向鼻翼方向晕染。

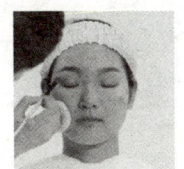

步骤7　整体调整
整体调整,使左右对称。

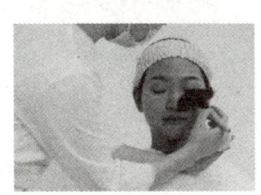

步骤8　扫浮粉
扫去化妆前垫的浮粉。

扫码看视频

晕染眼影的操作步骤

3. 描画眼线

描画眼线可以修饰眼形,增加眼睛的神采。

眼线要画在睫毛根部上下眼睑边缘由睫毛排列自然形成的弧线处,上下眼线从内眼角至外眼角均由细到粗地变化,上眼线粗,下眼线细。为使描绘的眼线看上去自然,一般上下眼线的长度比例是上七下三,即上眼线画七分,下眼线画三分,而非画满整个眼眶。睫毛浓密的人可以不画眼线。在化日妆时,上眼线要紧贴睫毛根部描画,不能拉得过长或挑得过高;下眼线可以省略,如果需要描画也必须保持浅淡,一般只画从外眼角起向内的 1/3 或 1/2 部位,千万不可过黑、过粗。

描画眼线的操作步骤

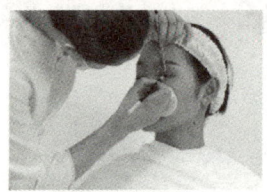

步骤 1　画上眼线①

请顾客闭上眼睛,用左手手指或笔杆将上眼睑轻轻提起,绷紧眼部皮肤,使用眼线笔紧贴睫毛根部描画一条流畅、光洁的细线。

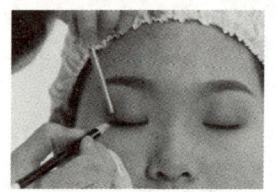

步骤 2　画上眼线②

眼线描画近外眼角处,缓缓提起,略微拉长,逐渐虚化。

描画眼线的操作步骤

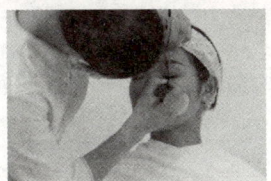

步骤3 画上眼线③
用眼线液加强上眼线,突出层次感,同时防止眼线晕开污染下眼睑。

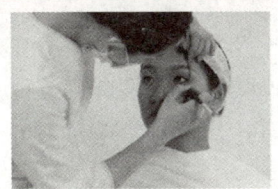

步骤4 画下眼线
从外眼角向内眼角方向描画至眼睛的1/3处,逐渐变淡。

步骤5 整体调整
注意自然柔和,左右对称。

扫码看视频

描画眼线

注意事项

※ 日妆眼线切忌太长、太挑。
※ 日妆可以不刻画下眼线,若描画,颜色应浅淡,并使用眼影柔化。

4. 修饰睫毛

（1）刷睫毛膏

刷睫毛膏能使睫毛看起来更浓密、更卷翘、更纤长，从而使眼睛显得更大、更有神。

刷睫毛膏的操作步骤	
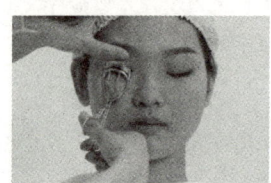 步骤1　夹卷睫毛	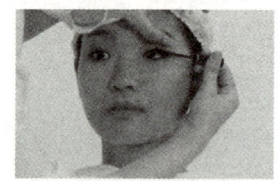 步骤2　刷睫毛膏
请顾客眼睛向下看，然后用睫毛夹夹卷顾客的睫毛。睫毛夹从睫毛根部夹起，慢慢向睫毛前部移动。睫毛角度呈圆弧状向上卷起即可。	让顾客保持眼睛向下看，左手提起顾客上眼睑皮肤，选用纤长型睫毛膏，顺着睫毛生长方向由内向外涂刷。先刷一遍，待睫毛膏稍干一些后再刷一遍。若刷下睫毛，则需要让顾客眼睛向上看。

注意事项

※ 在使用睫毛夹时，不要夹出明显印记，睫毛角度呈圆弧状向上卷起即可。
※ 睫毛膏不要刷太厚，避免出现"苍蝇腿"的现象。

（2）粘贴假睫毛

粘贴假睫毛的操作步骤	
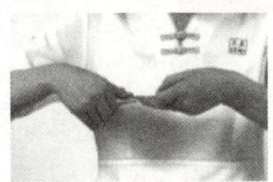 **步骤1　修剪假睫毛** 根据顾客眼睛的形状、大小修剪假睫毛。	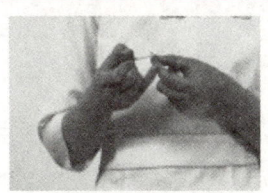 **步骤2　涂抹睫毛胶水** 在修剪好的假睫毛根部涂上睫毛黏合剂，注意睫毛两头可以多涂一些，防止顾客频繁眨眼和少量泪水造成脱胶。
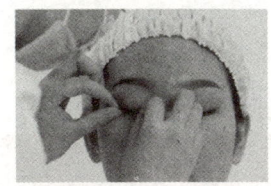 **步骤3　粘贴假睫毛** 在睫毛黏合剂半干时粘贴假睫毛。粘贴假睫毛遵循"先中部，后两头"的原则。	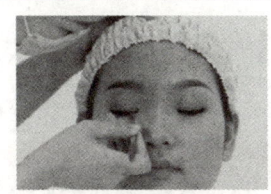 **步骤4　调整** 使用镊子调整假睫毛的位置。
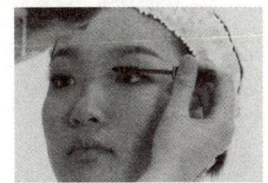 **步骤5　真睫毛处理** 粘贴好假睫毛后，为避免出现两层睫毛，应使用睫毛膏将事先卷好的真睫毛和假睫毛黏合在一起，呈现出自然、真实的效果。	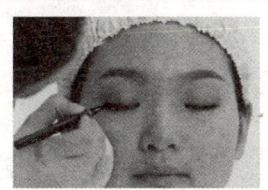 **步骤6　整体协调** 在假睫毛上画上眼线，以遮挡睫毛黏合剂留下的痕迹。

5. 涂腮红

腮红能使面部皮肤看起来健康、红润,并能增强面部的立体感。

(1) 腮红画法

1) 传统画法。用刷子由内向外扫在颧骨上,越接近耳朵处颜色越深。这种画法属成熟修容画法,可以使脸部更为立体。

2) 流行画法。在两腮(即微笑时脸部最突起的两块肌肉处)打圈涂匀,这种画法属青春靓丽画法,多选用清新的亮色,如粉色、橘色。使用这种画法,少量涂刷有自然清新的效果,明显涂刷有甜美感。

(2) 不同脸型的腮红修饰方法(见表6-19)

表6-19 不同脸型的腮红修饰方法

脸型	腮红修饰方法
椭圆形脸	在笑肌位置用腮红刷由外往内以打圈的方式刷
圆形脸	腮红涂于颧弓下陷部位,呈新月形,从颧骨旁向斜上方拉长
方形脸	从颧骨斜刷至眉梢,斜纵向晕染;腮红面积要小,颜色要浅淡
长形脸	将腮红涂于颧骨外侧,横斜向晕染至鬓发边缘
正三角形脸	将腮红涂于颧骨外侧,斜向额角处晕染
倒三角形脸	将腮红涂于颧骨下侧,斜向眉边晕染
菱形脸	选择柔和的亮色腮红,将其涂于颧骨下缘,并斜向晕染。切忌在颧骨下凹陷处涂腮红

涂腮红的操作步骤

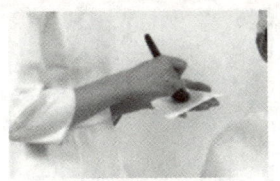

步骤 1

用腮红刷蘸少量浅粉色或橘色（根据妆面色调选择）腮红。注意腮红用量宜少不宜多，刷子上的腮红要先在手背或面巾纸上拭去一些，以免蘸取的量过多使腮红过深或成块。

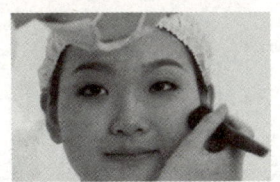

步骤 2

将腮红均匀扫在两腮颧骨上方（微笑时最突出的两块肌肉处），打圈涂匀。注意用腮红刷轻扫，使腮红颜色清淡，且不能有边缘线，呈现出似有似无的自然红润感。

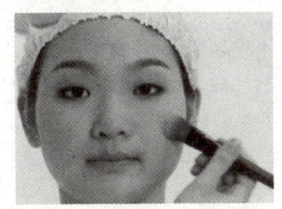

步骤 3

用腮红刷在两腮压少许蜜粉，使皮肤呈现出自然红润感。

6. 画唇

　　嘴唇分为上唇和下唇。上唇上方有两个突起的峰，称为唇峰，唇峰的形状和位置在化妆中决定了唇形。一般情况下，唇峰在鼻孔正中央的垂直线上，唇角在眼睛平视时眼球内侧的垂直延长线上，下唇略厚于上唇。

画唇的操作步骤

步骤1　确定唇部色彩
唇部色彩与顾客的服装色、肤色相吻合，与眼影色、腮红色为同一色系。

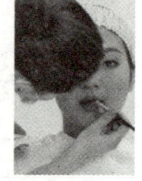

步骤2　上唇色①
唇形条件好的，不需要特别强调轮廓，可以不勾唇线，直接用唇刷涂抹唇膏或唇彩，即使用"咬唇"的描画方法。这种方法要求唇内侧色彩较饱和，越往外越淡。

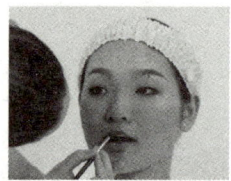

步骤3　上唇色②
针对外缘不清晰的唇形，用唇线笔或使用唇刷蘸唇膏勾出轮廓，再填充整个唇部。

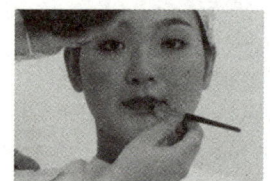

步骤4　修饰提亮
在上下唇的最高点提亮，使唇部更加饱满，具有立体感。

步骤5　涂唇彩
适量涂抹唇彩或唇釉，使嘴唇显得健康、自然。

7. 整体妆面衔接、修整

为使整体妆容自然和谐，完成以上步骤后，应在脖颈部位进行妆面衔接、修整，避免脖颈部位与脸部有明显色差。另外，应检查整体妆面色调是否统一、协调，妆面是否干净整洁、左右对称，肤色是否均匀一致。

学习单元四　化日妆

一、日妆的类型和特点

日妆又称生活淡妆，是指在自然、真实的原则下，对面容进行轻微修饰与润色。日妆是日常生活和工作中常用的妆容，是应用最广泛的妆型。

1. 日妆的类型

日妆适用于自然光下，常见的类型（特指女妆）有职业妆、休闲妆、时尚妆、裸妆等。

（1）职业妆。适用于工作环境或与工作相关的社交环境的妆容。其特点是：妆面简洁，用色简单，线条清晰，色彩多以中性色为主。

（2）休闲妆。适用于非劳动及非工作的闲暇时间的妆容。其特点是：妆面自然、简洁，用色简单。

（3）时尚妆。指富有时代感和时尚气息的妆容，主要强调个性美的展示。时尚妆具有较强的随意性，色彩搭配丰富。

（4）裸妆。裸妆的重点在于粉底要打得清透，只用淡雅的色彩点缀眼、唇。其特点是：自然清新，无刻意化妆的痕迹。

2. 日妆的特点

（1）妆容整体匀称、协调。

（2）造型细腻、深入，隐去化妆痕迹。
（3）用色简洁、柔和，妆面效果自然。
（4）突出个性与气质，展现个人魅力。

二、日妆的造型要点

1. 化妆手法

日妆应用于自然光线条件中，采用简洁的化妆手法。

2. 修饰效果

对面部轮廓和凹凸结构、五官等的修饰不能太过夸张，在人们原有容貌的基础上适当地进行修饰、调整，掩盖一些缺点，以清新、自然、少人工雕琢的化妆痕迹为佳，保持与整体形象和谐。

3. 用色原则

用色简单，在与原有肤色相近的基础上，用淡雅、自然、柔和的色彩适当美化面部，保持与服饰色调相协调，唇色可以适当选用略艳丽的色彩。

4. 化妆技巧

生活日妆主要针对肤色、眉眼、嘴唇进行修饰。

（1）肤色

要选择真实、自然的色彩表现面部结构关系，帮助塑造面部立体效果。均匀、健康的肤色能表现出个性与气质，为妆容打好基础。

（2）眉眼

要求眼影晕染过渡自然、睫毛修饰效果真实、眼线紧贴睫毛根部，眉毛顺其生长方向描画。

（3）嘴唇

应正确选择唇膏的色彩，使其符合肤色、服装色彩及个性。嘴唇经过修饰后，应达到轮廓清晰、生动自然的效果。

三、日妆的化妆步骤

下面以橘色系妆容塑造为例介绍日妆的化妆步骤。

操作步骤	
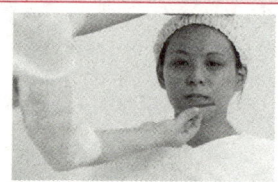 **步骤1　妆容设计** 根据整体色调要求，确定五官妆色，选择并准备好化妆品。确定整体妆容风格及局部妆型设计。	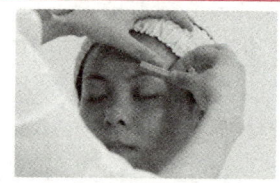 **步骤2　修眉** 根据妆容风格进行设计并修眉，眉形选择平直眉。修眉后，用刷子扫去落在脸上的眉毛。
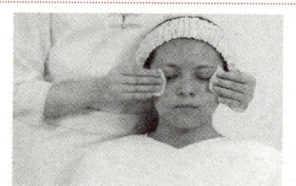 **步骤3　面部清洁护理** 在化妆之前，应先对面部进行清洁和护理，洗去污垢，涂上保护皮肤的乳液或面霜。	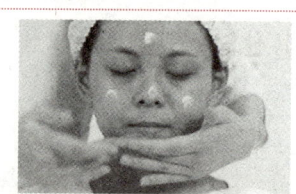 **步骤4　底妆塑造①** 先涂抹隔离霜，然后选用适合肤色的粉底液。

操作步骤

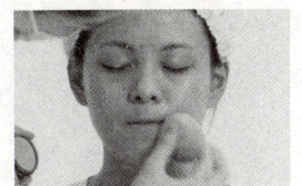

步骤5 底妆塑造②
大面积涂抹粉底色。

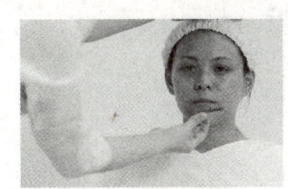

步骤6 底妆塑造③
涂抹阴影色。

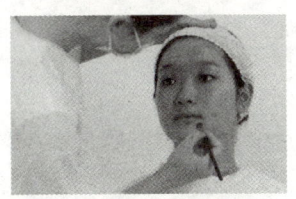

步骤7 遮瑕
使用遮瑕膏遮盖黑眼圈以及痘印、痣、疤痕等脸部瑕疵。

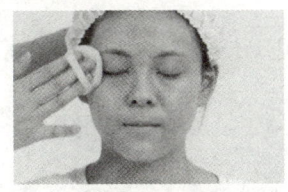

步骤8 定妆
用海绵粉扑蘸取透明蜜粉，轻轻按压在面部。用大号的散粉刷将浮粉轻轻刷掉。

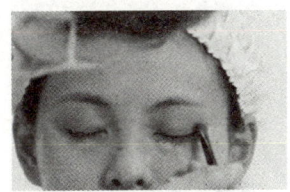

步骤9 画眼影①
在画眼影时，适合使用渐变法突出可爱、活泼的妆面效果。先在眼睛下方垫些散粉，防止眼影粉掉落弄脏脸颊。然后使用眼影刷将眼影粉从眼球中部开始，轻轻地涂抹于上睫毛根部，并分别向上、向前、向后逐渐晕染开。

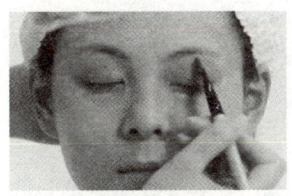

步骤10 画眼影②
使用含有橘色珠光的浅色眼影粉装饰内眼角和眼影上部边缘。需要注意：橘色作为典型的暖色不适合放在外眼角处作为暗色眼影强调结构，若放在外眼角，使眼睛呈现肿胀感。

操作步骤

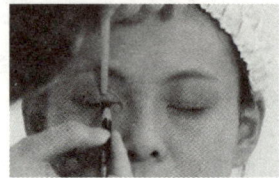
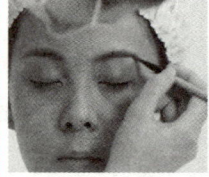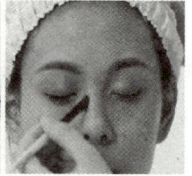

步骤 11　画眼线
眼线要贴近睫毛根部，轻轻地画一根纤细、流畅、圆润的线条，中部稍粗，眼尾稍稍提起。

步骤 12　画眉与涂鼻部阴影
在画眉时，应根据整体色调选择棕色眉笔，按照修好的平直眉形，用眉笔或眉粉稍加描画。鼻侧影稍稍带到即可。

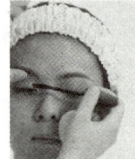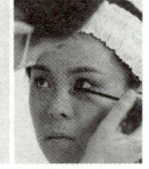
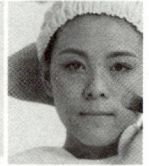

步骤 13　修饰睫毛
刷上睫毛膏，也可以粘贴比较自然的假睫毛。在粘贴时，睫毛微向上翘，以配合整体可爱风格。

步骤 14　涂腮红
选用色彩较眼影色淡的橘色腮红，轻轻刷在颧骨上方（即笑起来面颊最高的部位），给面部增加一些整体的色彩感。

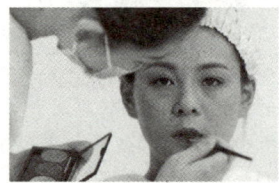

步骤 15　画唇
用较为自然的橘红色唇膏，以描画"咬唇"的方式进行涂抹，然后再涂上唇彩。涂抹时不可过于厚重，以自然的效果为佳。

步骤 16　整体协调
检查整体妆容，并调整细节。

学习单元五　化职业妆

一、职业妆的妆面要求

1. 职业妆要适应职业特征

职业妆的妆面造型要与其职业特征相符。例如，商务人员的职业妆要以"淡"为主，不能过分引人注目。

2. 职业妆要适应办公环境

在化妆时，应选择与既定的办公环境相协调的妆面造型。一般职业妆的妆面要求简洁明朗、线条清晰、自然大气，既要给人留下深刻的印象，又要避免浓妆艳抹。职业妆用色应单纯，避免使用过于花哨的色彩，一般以中性色或大地色为主。总体来说，妆面要清淡而又传神。例如，在办公楼工作的商务女性一般以简洁大气、自然明朗、清淡传神的妆面为主。

3. 职业妆要与个人特点相符

在画职业妆时，应提前了解顾客工作场合等信息，观察顾客言行及面部特点，以便塑造更为适合的妆面造型。

二、职业妆的化妆方法

在化职业妆时,不同的脸部部位有不同的化妆方法。

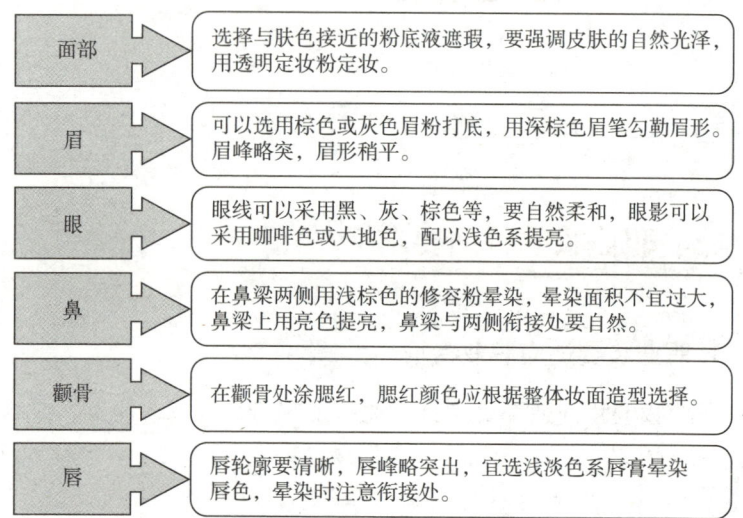

面部	选择与肤色接近的粉底液遮瑕,要强调皮肤的自然光泽,用透明定妆粉定妆。
眉	可以选用棕色或灰色眉粉打底,用深棕色眉笔勾勒眉形。眉峰略突,眉形稍平。
眼	眼线可以采用黑、灰、棕色等,要自然柔和,眼影可以采用咖啡色或大地色,配以浅色系提亮。
鼻	在鼻梁两侧用浅棕色的修容粉晕染,晕染面积不宜过大,鼻梁上用亮色提亮,鼻梁与两侧衔接处要自然。
颧骨	在颧骨处涂腮红,腮红颜色应根据整体妆面造型选择。
唇	唇轮廓要清晰,唇峰略突出,宜选浅淡色系唇膏晕染唇色,晕染时注意衔接处。

三、职业妆的化妆步骤

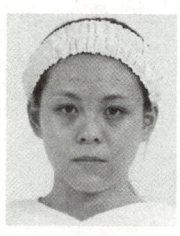
妆前

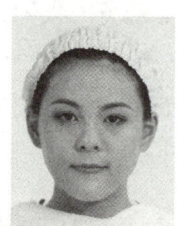
妆后

操作步骤

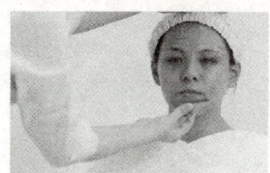

步骤1　修眉
用修眉刀将眉毛修饰成略上挑的眉形，突出眼部结构，给人以成熟、干练的感觉。

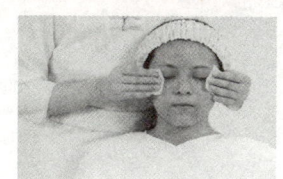

步骤2　清洁护理
用化妆棉蘸取化妆水，轻柔地擦拭面部皮肤。然后涂上润肤乳/霜。

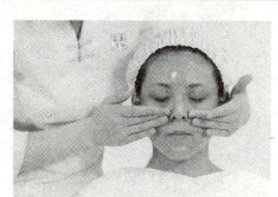

步骤3　底妆①
针对肤色选用绿色隔离霜。用点涂式的手法将隔离霜涂抹均匀。

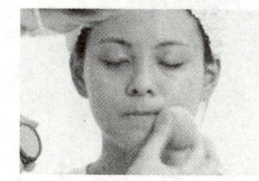

步骤4　底妆②
选用与肤色相近的粉底，用化妆海绵涂抹均匀。

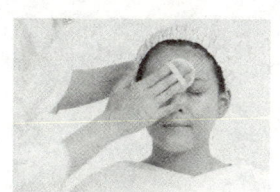

步骤5　定妆
选用透明定妆散粉，使用粉扑轻柔地按压在脸上定妆。

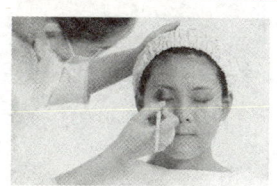

步骤6　晕染眼影①
采用灰色系眼影，使用眼影刷将深色眼影涂抹在上眼睑外眼角的睫毛根部，并逐渐向前、向上晕染。下眼影同时画上。

美·容

操作步骤

步骤 7　晕染眼影②
使用灰色系中的亮色，从内眼角起头向后描画。注意前后的衔接。

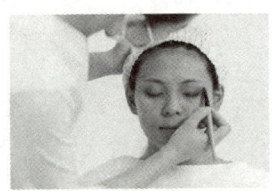

步骤 8　晕染眼影③
将白色眼影涂于眉弓骨的上方。

步骤 9　描画眼线
使用眼线笔贴近睫毛根部，轻轻画一根流畅、纤细的线条，眼尾部眼线稍微拉长并提起。

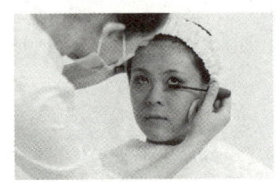

步骤 10　修饰睫毛
刷上睫毛膏，使眼睛更具神采。

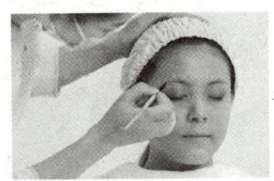

步骤 11　画眉
选用咖啡色眉笔（眉粉）或者棕色和灰色眉笔（眉粉）搭配，按照修好的眉形，先用眉粉后用眉笔刻画眉毛。眉腰处要加深。眉梢要虚化。

步骤 12　画鼻侧影
在鼻根处涂抹鼻侧影，注意与眉头的衔接。

操作步骤

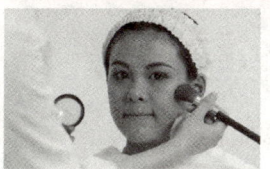

步骤 13　涂腮红

涂腮红时，以颧骨下方为中心，以打圈的方式涂抹。腮红可以斜向耳朵和下颌骨部位延伸，以突出颧骨。

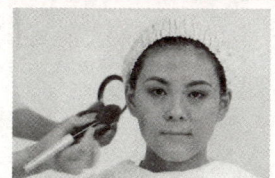

步骤 14　涂修容粉

将深色修容粉涂在下颌骨部位，再将浅色修容粉涂在T区、颧骨、下巴等部位。

步骤 15　画唇①

使用较为自然的唇膏色晕染嘴唇，并勾勒出清晰的唇形。

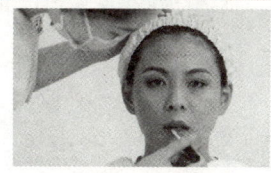

步骤 16　画唇②

使用唇彩晕染唇部。

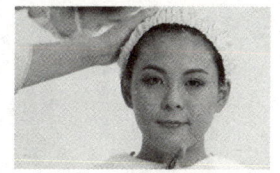

步骤 17　整体调整

检查整体妆容，对细节进行调整。

步骤 18　结束

做好结束工作，如清洁、消毒工具并收拾桌面等。

注意事项

※ 在涂抹粉底时，要注重修容，即鼻侧、眼窝、颧骨下方应加深，眉弓、鼻梁、颧骨上方、下巴处应提亮。

美·容

※ 在涂眼影时，使用结构法以突出眼部立体感。
※ 在涂亮色眼影时，要注意前后的衔接，使亮色、中间色、暗色各占1/3。
※ 在描画眉形时，注意眉头略淡，眉腰处加深，眉梢处略虚化，以达到虚实结合的效果。

扫码看视频

日常职业妆塑造

模块七 修饰美容

学习单元一　脱　毛

一、脱毛的方法与基本原理

脱毛方法可以分为永久性脱毛和暂时性脱毛两种。其对应的方法及原理见表7-1。

表7-1　脱毛方法与脱毛原理

类型	方法	原理	特点	适用范围
永久性脱毛	用现代激光技术或光子技术脱毛	利用脱毛机产生超高频振荡信号,形成静电场,作用于毛发,将其去除,并破坏毛囊和毛乳头,使毛发无法再生	脱毛效果持久	适用于较长的毛发,包括腋毛、腿毛、手臂上的毛发等,对于深色的毛发最为有效
暂时性脱毛	物理性脱毛 用拔毛镊子脱毛	将毛发连根拔起,毛发的根部不会留在毛囊内	拔毛过程比较疼痛,过后可能出现红肿和感染,不适合拔除大面积毛发	适用于少量的、小面积的毛发,如眉毛
	用刮毛刀脱毛	通过机械刮剃的方式将毛发从皮肤表面移除	效果不持久。若长期使用,则新长出的毛发较易变粗	身体上较大面积的脱毛,如腿部和手臂

续表

类型		方法	原理	特点	适用范围
暂时性脱毛	物理性脱毛	用脱毛蜡脱毛	利用蜡的黏性将毛发连根拔起	快速安全，无副作用	应用广泛，适用于除肛周和生殖器以外的任何部位
	化学性脱毛	用脱毛膏或脱毛霜脱毛	利用脱毛膏或脱毛霜中的巯基乙酸钙溶解皮肤表面毛发的蛋白质达到脱毛的目的	经常使用可以延缓毛发生长周期，并使新生毛发变细、变稀	脱细小的茸毛

其中，用脱毛蜡脱毛在实际操作中分为两种：一种是用脱毛蜡配合专用脱毛纸进行脱毛，这种脱毛蜡分为热（硬）蜡、温（软）蜡、冻（冷）蜡，适合大面积脱毛及腋下脱毛；另一种是用现成的蜡纸产品进行脱毛，适合小面积脱毛。

二、暂时性脱毛的用品、用具

要做到安全、高效的脱毛，美容岗位从业人员除了要掌握专业知识，经过严格训练，做到操作规范熟练外，选择合适的脱毛用品、用具也很重要，否则容易造成顾客皮肤损伤。

1. 暂时性脱毛用品（见表7-2）

表7-2 暂时性脱毛用品

暂时性脱毛用品	说明
护理前清洁液	可以去除化妆品和皮肤表面油脂，让皮肤保持清洁卫生，增强脱毛护理效果

续表

暂时性脱毛用品	说明
脱毛膏/脱毛霜	主要成分有硫羟乙酸盐、硫醇等。一般情况下，适用于脱细小的毳毛，过敏性皮肤不宜使用
热（硬）蜡	主要原料为松香、甘油松香酸酯、乙烯、蜂蜡、石蜡、氢化椰子油等，不同产品原料稍有差异
温（软）蜡	不同厂家的温（软）蜡配料成分不同，大多数为脂溶性。有些温（软）蜡产品添加了甘菊、茶树油、玫瑰油等具有润肤、镇静和抗菌作用的植物辅助原料
冷（冻）蜡	主要成分为多种树脂，不同产品的配方有所不同。冷（冻）蜡黏着性强，可溶于水，呈胶状，使用时不用加热，可以直接涂于需脱毛的皮肤上，适用于敏感部位皮肤的脱毛
护理后精华液	用于去除皮肤上的余蜡
毛发生长延缓液	可以去除死皮，抑制毛发生长，延缓毛发生长速度
修复舒缓霜	不同产品的配方有所不同，可以缓解脱毛后引起的皮肤红肿不适等现象，并保持皮肤舒适、凉爽
机器清洁液	用于去除脱毛用具表面残留的脱毛蜡。使用时，将机器清洁液喷洒在有蜡或异物的区域，用布或纸巾擦拭多次即可

注意事项

脱毛霜可能对皮肤有一定的刺激性，因此，在使用脱毛霜前，必须进行过敏测试。若顾客皮肤未出现过敏反应，则可以正常使用；若顾客皮肤为过敏性皮肤或出现过敏反应，则不宜使用。

2. 暂时性脱毛用具（见表 7-3）

表 7-3 暂时性脱毛用具

用具名称	功能	示例图片
熔蜡器	用于加热整罐脱毛蜡	
防污垫	防止脱毛蜡滴到熔蜡器的内部及周围	
蜡棒	用于将脱毛蜡快速取出	
专用脱毛纸	用于将皮肤上的蜡粘下来	
剪刀	用于修剪过长的毛发	

续表

用具名称	功能	示例图片
拔毛镊子	用于将脱毛后仍未脱除的部分顽固毛发彻底拔除	
橡胶手套	保护美容岗位从业人员双手不被蜡沾到而影响操作，同时还可以有效防止感染等	
爽身粉	涂于脱毛部位，使脱毛部位的皮肤保持干爽，起到保护皮肤的作用	
粉扑	用于涂抹爽身粉	
刮毛刀	快速刮除毛发	

三、暂时性脱毛的程序和操作要求

不同部位的毛发及皮肤性质不同，可以采取不同的方式脱毛。

1. 暂时性脱毛准备工作

（1）根据不同的脱毛部位，准备好相关的用品、用具，如护理前清洁液、毛发延缓液、修复舒缓霜、护理后精华液、熔蜡器、脱毛霜、润肤霜、冷蜡、软蜡、硬蜡、专用脱毛纸、蜡棒、爽身粉、粉扑、小剪刀、橡胶手套等，并用75%酒精消毒湿纸巾对用具及用品瓶口等处进行消毒。

（2）根据手推车的大小，将相关的用品、用具摆放整齐，确保整洁、有序。

（3）保护好顾客头发、衣服及隐私，确保顾客感觉舒适、安全，并观察顾客毛发生长方向及状况，阅读顾客资料登记表，了解顾客的皮肤状况，向顾客说明脱毛禁忌。

（4）美容岗位从业人员在操作前应洗净并消毒双手。

2. 各部位脱毛的操作步骤

（1）眉部脱毛

眉部靠近眼睛，眼睛周围的皮肤较薄，也较为敏感，适合用冷蜡进行脱毛。先用蜡去除部分眉毛，再用镊子进行修理。此法快速，比较适合眉毛浓密且杂乱的顾客。

操作步骤

测试	用蜡棒取冷蜡涂在顾客耳后或手臂内侧做小面积测试，询问顾客感受，并确保没有过敏反应

步骤	说明
确定脱眉部位	根据顾客脸型特点确定眉形。确定眉形后，将眉毛梳理整齐，用眉笔标出脱毛位置，并与顾客进行确认
清洁	佩戴手套，用护理前清洁液以打圈方式彻底清洁脱毛部位，之后用小毛巾、一次性洁面巾或棉片擦干皮肤
扑粉	用粉扑将爽身粉薄而均匀地涂于需脱眉处的皮肤上，并用手指轻触感觉皮肤是否干爽
修剪眉毛	先将过长的眉毛剪成1厘米左右长
涂蜡	左手将需脱毛部位的皮肤绷紧，右手握蜡棒取少量冷蜡，顺着毛发生长方向在需脱毛的部位薄而均匀地涂开

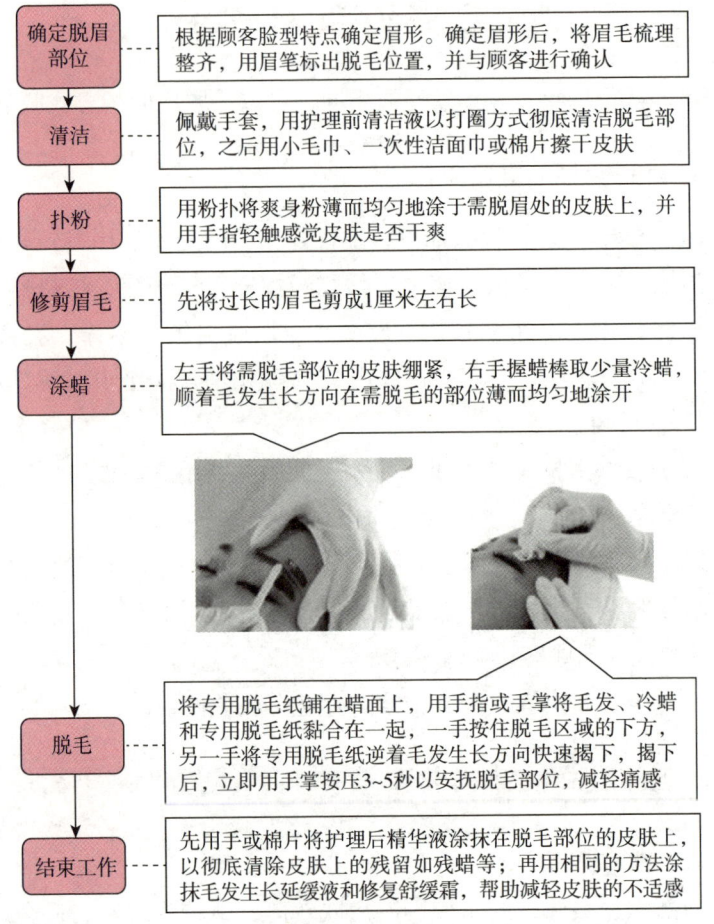

脱毛	将专用脱毛纸铺在蜡面上，用手指或手掌将毛发、冷蜡和专用脱毛纸黏合在一起，一手按住脱毛区域的下方，另一手将专用脱毛纸逆着毛发生长方向快速揭下，揭下后，立即用手掌按压3~5秒以安抚脱毛部位，减轻痛感
结束工作	先用手或棉片将护理后精华液涂抹在脱毛部位的皮肤上，以彻底清除皮肤上的残留如残蜡等；再用相同的方法涂抹毛发生长延缓液和修复舒缓霜，帮助减轻皮肤的不适感

注意事项

※ 涂蜡一定要顺着毛发生长方向。

※ 在揭专用脱毛纸时，一定要逆着毛发生长方向，且动作要快，否则会使顾客疼痛感加剧。

※ 脱毛要彻底，脱毛部位不能有残留毛发，如有个别残留毛发，要用镊子拔除。
※ 在操作过程中，使用过的工具和未使用的工具应分开摆放，以免污染。
※ 两次脱毛服务之间应间隔 3～4 周。

（2）唇周脱毛

唇毛多是细小的毳毛，适合用脱毛霜进行脱除。取适量脱毛霜用指尖或专用的刮刀均匀涂抹于唇部周围需要脱毛的区域，避免涂抹到唇部本身，等待指定时间结束后，用湿棉片或柔软的海绵擦除脱毛霜及毛发。

操作步骤

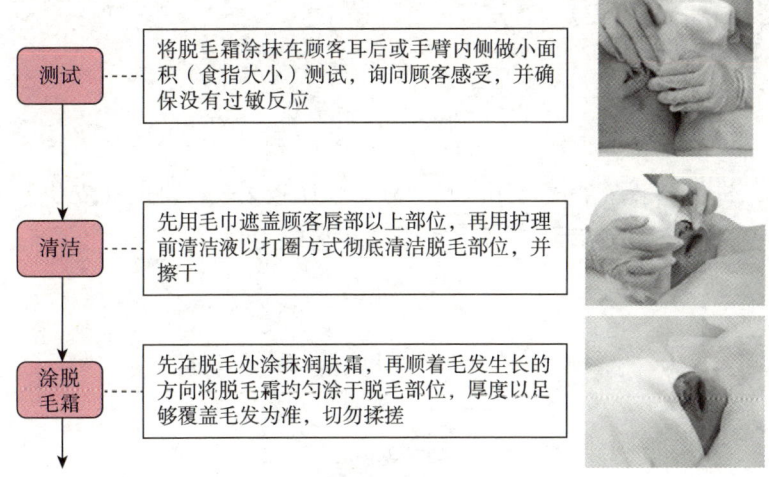

测试 —— 将脱毛霜涂抹在顾客耳后或手臂内侧做小面积（食指大小）测试，询问顾客感受，并确保没有过敏反应

清洁 —— 先用毛巾遮盖顾客唇部以上部位，再用护理前清洁液以打圈方式彻底清洁脱毛部位，并擦干

涂脱毛霜 —— 先在脱毛处涂抹润肤霜，再顺着毛发生长的方向将脱毛霜均匀涂于脱毛部位，厚度以足够覆盖毛发为准，切勿揉搓

| 脱毛 | 5~8分钟后（可以根据不同的产品调整等待时间），先用刮刀逆着毛发生长方向轻轻刮下一小块皮肤上的脱毛霜，若唇毛能轻易脱离皮肤，则用刮刀逆着毛发生长方向将脱毛霜及毳毛刮下，或用湿棉片逆着毛发生长方向将脱毛霜及毳毛一同擦除 |

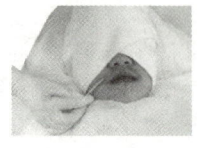

| 脱毛后清洁 | 立即用湿棉片或湿洁面巾清洁脱毛部位 |

| 结束工作 | 清洁干净后，用双手或棉片对脱毛部位涂抹毛发生长延缓液和修复舒缓霜，同时，嘱咐顾客脱毛后的注意事项 |

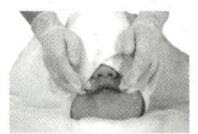

注意事项

※ 面部皮肤较敏感，脱毛霜对皮肤的刺激较大，若长时间附着于皮肤上，会伤害皮肤，因此，使用时应注意等待时间不可过长。

※ 在涂脱毛霜时，上唇左右两侧毛发生长的方向不同，在脱毛过程中，应注意观察，分别涂抹。

※ 两次脱毛服务之间应间隔 3～4 周。

（3）四肢脱毛

进行四肢脱毛适合用软蜡。软蜡性质较柔软，可以在皮肤上大面积涂抹，只需薄薄的一层就能将毛发脱除。

操作步骤

| 熔蜡 | 用熔蜡器将蜡块熔化备用，温度不宜过高，以40~50 ℃为宜，避免烫伤皮肤 |

| 清洁 | ---- 佩戴手套，用护理前清洁液以打圈方式彻底清洁脱毛部位，并擦干皮肤 |

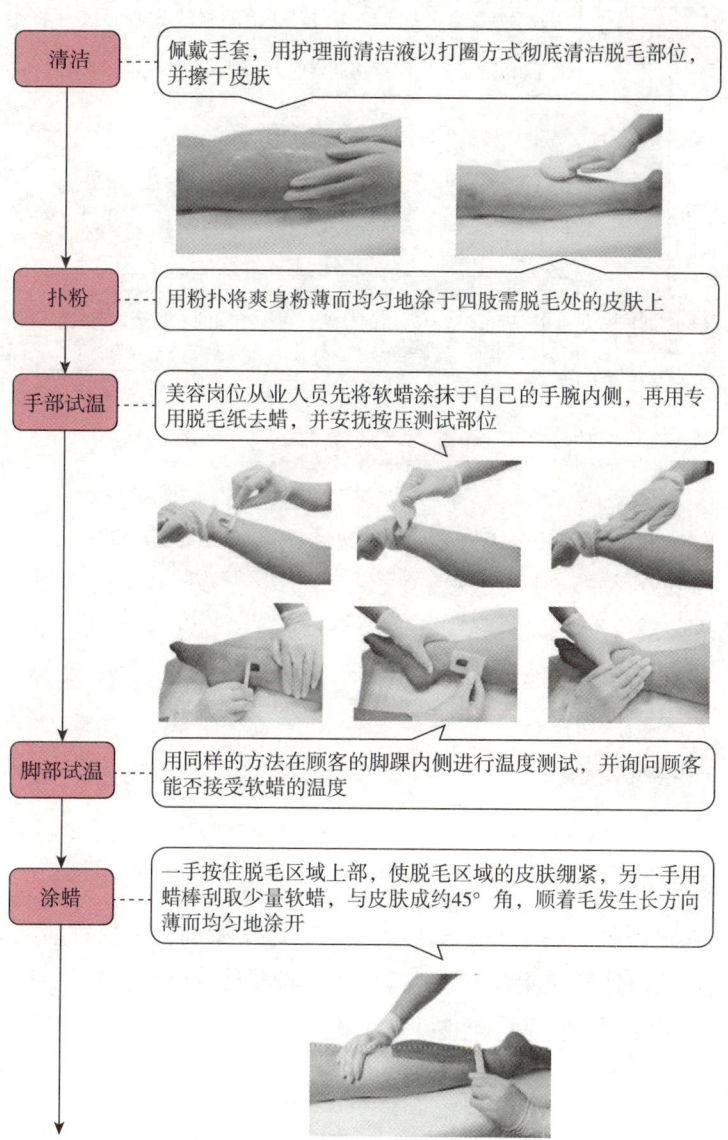

| 扑粉 | ---- 用粉扑将爽身粉薄而均匀地涂于四肢需脱毛处的皮肤上 |

| 手部试温 | ---- 美容岗位从业人员先将软蜡涂抹于自己的手腕内侧，再用专用脱毛纸去蜡，并安抚按压测试部位 |

| 脚部试温 | ---- 用同样的方法在顾客的脚踝内侧进行温度测试，并询问顾客能否接受软蜡的温度 |

| 涂蜡 | ---- 一手按住脱毛区域上部，使脱毛区域的皮肤绷紧，另一手用蜡棒刮取少量软蜡，与皮肤成约45°角，顺着毛发生长方向薄而均匀地涂开 |

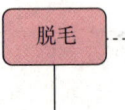 脱毛：将专用脱毛纸铺在蜡面上，用手指或手掌将毛发、软蜡和专用脱毛纸黏合在一起，一手按住脱毛区域的下方，另一手将专用脱毛纸逆着毛发生长方向快速揭下，之后立即安抚按压脱毛部位3~5秒。继续用同样的方法对其余部位进行脱毛

  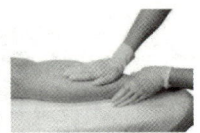

结束工作：先用双手或棉片将护理后精华液涂抹在脱毛部位的皮肤上，彻底清除皮肤上残留的软蜡；再用相同的方法涂抹毛发生长延缓液和修复舒缓霜

注意事项

※ 软蜡温度过高容易烫伤顾客，因此在涂软蜡前必须试温。
※ 脱毛要彻底，若有个别残留毛发，则用镊子拔除。
※ 同一部位不可重复上蜡。
※ 操作过程中，使用过的工具和未使用的工具应分开摆放，以免污染。
※ 两次脱毛服务之间应间隔3~4周。

（4）腋下脱毛

在进行腋下脱毛时，适合用硬蜡。硬蜡中的甘油松香酸酯等成分使其性质比软蜡更温和，且硬蜡质地较厚，可以将腋下、比基尼等部位粗壮的毛发完全包裹并连根拔起。

操作步骤

- **熔蜡**······用熔蜡器将蜡块熔化备用，温度不宜过高，以40~50℃为宜，避免烫伤皮肤
- **修剪腋毛**······修剪腋毛要注意长短合适，太长或太短均会影响脱毛效果。将腋毛剪短至1厘米即可
- **清洁**······佩戴手套，用护理前清洁液以打圈方式彻底清洁脱毛部位，并擦干皮肤
- **扑粉**······用粉扑将爽身粉薄而均匀地涂于四肢需脱毛处的皮肤上
- **试温①**······美容岗位从业人员先将硬蜡涂抹于自己的手腕内侧，再将蜡揭去，并用手安抚按压测试部位
- **试温②**······用同样的方法在顾客的手腕内侧进行温度测试，并询问顾客能否接受
- **涂蜡**······一手将脱毛区域的皮肤撑开，使其达到紧绷状态，另一手用蜡棒取一定量的硬蜡，在脱毛区域打圈涂抹，用手轻压涂抹处，使蜡与毛发完全贴合

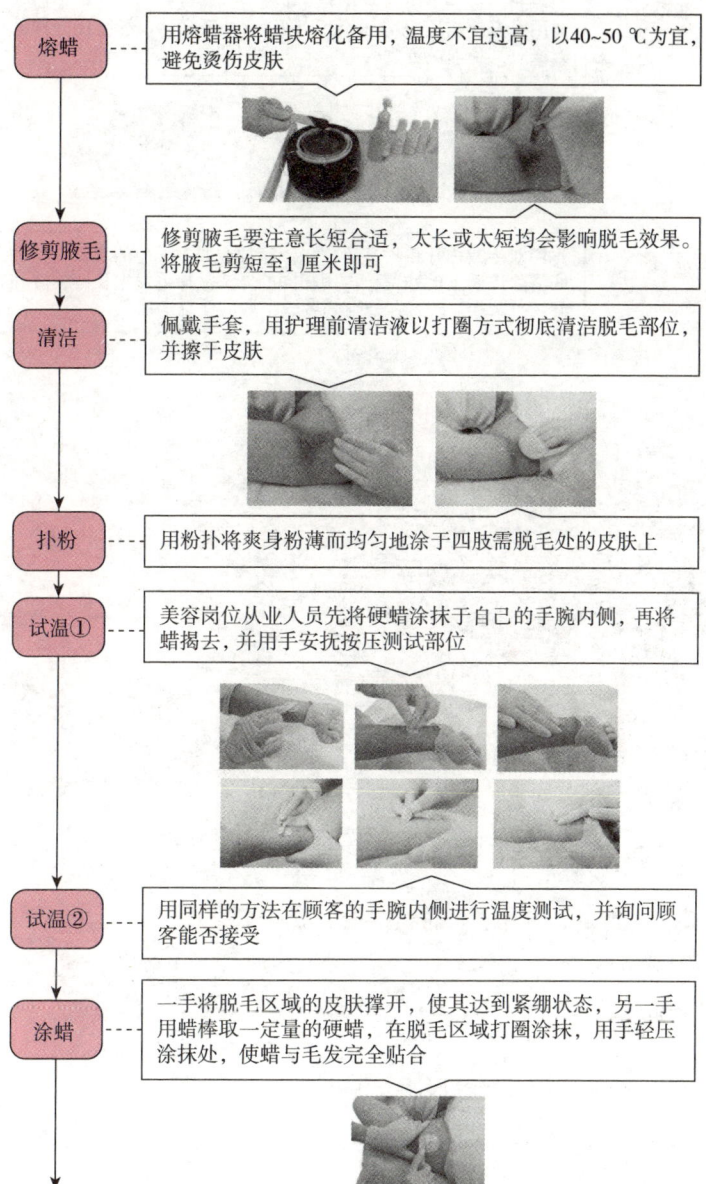

| 脱毛 | 待硬蜡冷却凝固后，先轻启一角，一手绷紧腋下靠近手臂一侧的皮肤，另一手快速逆着毛发生长方向将硬蜡揭下，揭下后立即用手安抚按压脱毛部位3~5秒，以减轻痛感。继续用同样的方法对其余部位进行脱毛，未脱净的部位可反复上蜡 |

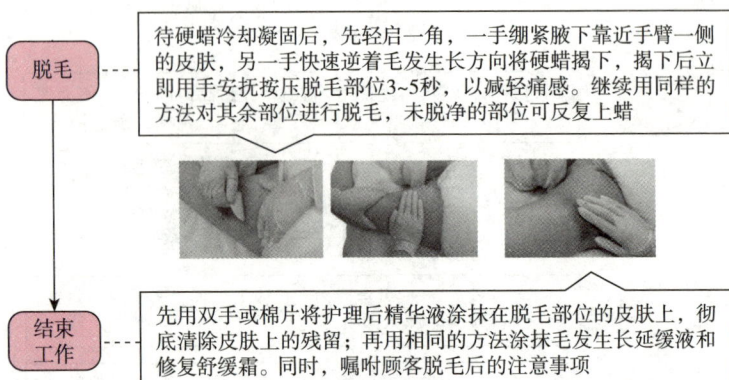

| 结束工作 | 先用双手或棉片将护理后精华液涂抹在脱毛部位的皮肤上，彻底清除皮肤上的残留；再用相同的方法涂抹毛发生长延缓液和修复舒缓霜。同时，嘱咐顾客脱毛后的注意事项 |

注意事项

※ 硬蜡温度过高容易烫伤顾客，因此在涂硬蜡前必须试温。
※ 涂蜡动作要快，以避免因蜡冷却凝固而影响脱毛效果。
※ 涂蜡动作要轻柔，蜡块须边缘清晰，呈姜片状。
※ 脱毛时一定要逆着毛发生长的方向，动作要快，否则会使顾客感觉疼痛。
※ 腋下的毛发生长方向不全一样，每次脱毛前，要先仔细观察毛发的生长方向，再分区进行脱毛，直到完全脱净为止。

四、脱毛禁忌、副作用与护理要求

1. 脱毛禁忌

有以下情况者，严禁脱毛：
（1）皮肤严重敏感的人；

（2）脱毛部位皮肤有新伤（如晒伤、刮伤、烫伤、咬伤等）或发炎的人；

（3）皮肤极其干燥的人；

（4）患有传染病、皮肤病或糖尿病的人；

（5）脱毛部位有特别黑痣或痣上有毛的人；

（6）有静脉曲张的人；

（7）近期进行过去角质或肉毒杆菌/骨胶原注射的人；

（8）近期做过美容手术、激光治疗、阳光浴或被晒伤的人；

（9）一星期内使用过含维 A 酸、果酸、漂白剂等成分化妆品的人；

（10）口服可的松或服用治疗粉刺的处方药物的人。

2. 脱毛副作用

（1）小肿块和毛囊炎

毛发生长于皮肤的毛囊中，拔毛时，毛发被用力拉出，会对皮肤造成刺激因而可能造成炎症并出现小肿块。这些小肿块通常在一两天内自行消失。

若脱毛后几天才形成突起的小肿块，形状像粉刺，则说明引起了毛囊炎。这种肿胀、发炎一般是由于毛发横断在毛囊里，不能伸展到皮肤表面而刺激了毛囊，继而感染细菌引起的。

（2）皮肤发红

皮肤发红有两种原因：一种是因为拔除毛发的过程拉扯到了皮肤；另一种是因为对蜡温不适而引起的。

将毛发从毛囊中拔除易引起皮肤立即发红，这大多是由于拉扯到皮肤所致，特别是对于敏感皮肤更易发生上述情况。这种情况通常会在一天内消退。

美·容

由于软蜡、硬蜡需要加热使用，热量导致血管扩张，更多的血液流入与蜡接触的皮肤区域，而血流量增加会导致皮肤发红。冷却皮肤能使血管收缩，从而消除红肿。

3. 脱毛后护理要求

（1）脱毛后，不能立即用一般清洁用品或热水清洁脱毛部位，而在4～6小时后可使用一般清洁用品或热水进行清洁。

（2）脱毛后，不能立即游泳或晒日光浴。

（3）脱毛后，不能用手抓刮脱毛部位的皮肤。

（4）脱毛后，不能立刻穿紧身衣裤或丝袜。

（5）面部脱毛后，不能立即化妆。

相关链接

软蜡和硬蜡脱毛导致皮肤创伤的原因

※ 操作时没有遵守顺着毛发生长方向涂抹、逆着毛发生长方向揭蜡的原则。

※ 揭蜡时没有按照与皮肤平行的角度操作，上提而造成皮肤创伤。

※ 用软蜡脱毛时，在同一部位重复上蜡脱毛两次以上。

※ 蜡温过高，涂蜡和撕蜡时没绷紧皮肤。

※ 顾客近期做过深层去角质，特别是化学性去角质。

※ 顾客近期使用过含果酸等成分的化妆品，或进行过激光治疗，或有皮肤晒伤等。

※ 月经前后、怀孕期的女性皮肤较敏感，易拉伤。

※ 顾客在服用处方药物，如维A酸类药物。

学习单元二　烫睫毛

一、睫毛生理基础

1. 睫毛对眼睛的作用

睫毛是眼睛的一道防线，在有异物碰触睫毛时，眼睑会反射性地合上，从而保护眼球不受外来侵犯。睫毛还能遮光，防止紫外线对眼睛造成伤害。

对睫毛进行烫、染、嫁接等美化服务时，要特别注意产品的选择与安全使用，以及操作的规范性，以免对眼睛造成伤害。

2. 睫毛的位置、数量和长度

睫毛位于上下眼睑处，在睑裂边缘排列成 2～3 行，短而弯曲，如图 7-1 所示。上眼睑的睫毛多而长，通常为 100～150 根，长度为 8～12 毫米，稍向前上方弯曲。下眼睑的睫毛短而少，通常为 50～80 根，长度为 6～8 毫米，稍向前下方弯曲。闭眼时，上下睫毛一般不交织。上下眼睑中部的睫毛较长、较多，内眦部的睫毛较短。

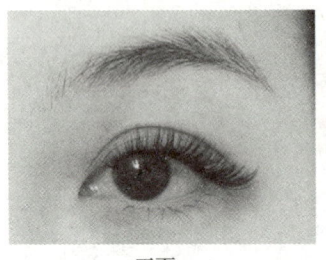 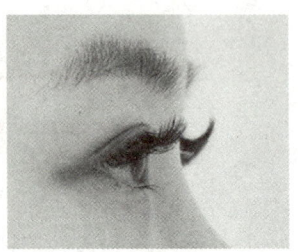

正面　　　　　　　　侧面

图 7-1　睫毛

3. 睫毛的生理结构

（1）睫毛毛囊

睫毛与其他毛发一样，分为毛干和毛根两部分，毛根周围包有上皮组织和结缔组织组成的毛囊。毛囊是包围在毛根部的囊状组织，用于生长毛发。

（2）睫毛毛小皮

与其他毛发一样，睫毛的毛小皮具有防水功能，可以阻挡水或烫染产品对睫毛内部的渗透。

（3）睫毛皮质

与其他毛发一样，睫毛的皮质具有亲水性。过度烫睫毛会破坏皮质中的蛋白质，导致水分含量下降，使睫毛变得干燥而失去弹性。

（4）睫毛髓质

没有髓质的睫毛会失去韧性，易断。

> **小贴士**
> ※ 在日常生活中，不正确的美睫操作或人为拔睫毛会造成感染等，从而破坏睫毛毛囊，造成睫毛缺失。
> ※ 若对睫毛进行过度烫染，会使保护睫毛内部、有铠甲作用的毛小皮变得容易剥落，影响睫毛健康。

二、烫睫毛的定义及原理

睫毛是重要的面部修饰部位之一，人们常采用夹睫毛、刷睫毛膏、贴假睫毛、烫睫毛、接睫毛等方法美化睫毛。同时，人们还常采用画眼线、文眼线等手段弥补睫毛疏淡的不足。对于追求自然风格的女性而言，烫睫毛是使平直、下垂的睫毛变得卷翘的快捷而又较长效的方法。

烫睫毛是一种使睫毛在一定时间内保持卷翘度的美容技术。烫睫毛时，先用专用卷杠将睫毛卷出合适的卷翘度，再用烫睫毛专用药水进行软化与定型。

烫睫毛的原理与烫头发的原理类似，即利用睫毛烫剂、睫毛定型剂和睫毛卷杠的化学和物理作用，改变睫毛内部分子结构中的化学键，进而改变睫毛卷翘度。烫睫毛前后对比如图 7-2 所示。

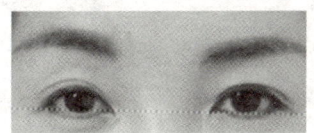
烫睫毛前

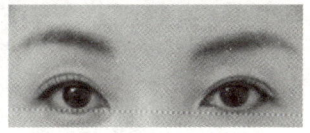
烫睫毛后

图 7-2　烫睫毛前后对比

三、烫睫毛用品、用具

1. 烫睫毛用品、用具

烫睫毛用品、用具分为专用用品、用具以及辅助用品、用具。具体见表7–4。

表7–4 烫睫毛用品、用具

类别	名称	具体功能
专用用品、用具	睫毛卷杠	在烫睫毛过程中通过加热或其他方式,将睫毛从根部开始卷曲,使之向上翘起,增强睫毛的弯曲度和卷翘度
	睫毛固定胶	用来将睫毛卷杠固定在眼皮上,以及将睫毛固定在睫毛卷杠上
	睫毛烫剂	烫睫毛的第一剂,能帮助打开毛鳞片,以根据需要改变睫毛形状
	睫毛定型剂	烫睫毛的第二剂,起定型作用
	睫毛滋养霜	用于烫睫毛后滋养睫毛
辅助用品、用具	卸妆液	清洁和卸除眼部化妆品,以确保睫毛表面干净、无尘,为烫睫毛做好充分准备
	水盆	盛温水
	棉片、棉签	用于擦拭眼部,去除可能残留在眼睫毛周围的化妆品、烫睫毛液或其他化学物质
	橘木棒	用于放置在下眼睑和睫毛根部之间,防止烫睫毛液或其他化学物质意外接触到下眼睑和眼部皮肤,减少不必要的刺激和可能出现的损伤
	睫毛小梳子	◎ 将粘在一起的睫毛分开,增加睫毛的浓密感和卷翘效果 ◎ 去除烫睫毛后可能形成的结块,使睫毛看起来更加自然 ◎ 梳理睫毛,使睫毛在烫后保持整齐有序 ◎ 帮助睫毛保持卷翘的效果,让睫毛看起来更加翘曲

续表

类别	名称	具体功能
辅助用品、用具	毛巾	◎ 用于热敷，有助于温暖和软化睫毛，让烫睫毛的效果更好 ◎ 用于冷敷，缓解烫睫毛后眼部的不适或肿胀
	高密度薄膜	上完睫毛烫剂后，用于盖住顾客的睫毛，使睫毛能充分吸收睫毛烫剂，有利于快速成型
	隔离眼贴膜	用于遮盖和保护下眼睑和眼部周围的皮肤，防止烫睫毛液接触到皮肤，降低可能的皮肤损伤

> **关键点**
>
> ※ 使用睫毛卷杠时，要观察顾客的睫毛长度，了解顾客想要的睫毛卷翘度。对于睫毛较长（10~12毫米）的顾客，应选择大号（L号）睫毛卷杠；对于睫毛长度中等（8~10毫米）的顾客，应选择中号（M号）睫毛卷杠；对于睫毛较短（6~8毫米）的顾客，应选择小号（S号）睫毛卷杠。
> ※ 对于想要自然卷翘度的顾客，应选择偏大一号的睫毛卷杠。
> ※ 睫毛烫剂与睫毛定型剂不能用烫头发的相关产品代替。

2. 烫睫毛用品、用具使用与保管要求

（1）对用具要严格消毒，做到一客一用。

（2）每次使用用品如睫毛烫剂时，要挤掉第一滴靠近瓶口、已氧化的睫毛烫剂。

（3）为避免交叉感染，应使用一次性的棉质睫毛卷杠，用后丢弃，不可重复使用。若使用硅胶睫毛卷杠，则使用前后均要消毒。

（4）切勿用金属工具取用睫毛烫剂与睫毛定型剂。

（5）避免烫睫毛用品碰到顾客眼部皮肤或眼睛。

（6）对于睫毛固定胶、睫毛烫剂、睫毛定型剂、睫毛滋养霜等产品，每次使用前检查其有效期，超出有效期不得使用；每次使用后要盖紧盖子。

（7）烫睫毛用品、用具仅限于专业美容岗位从业人员使用。

（8）请勿将烫睫毛用品放在高温或阳光直射的地方。

三、烫睫毛的程序与操作要求

1. 烫睫毛的程序

烫睫毛的程序主要有以下八个步骤：

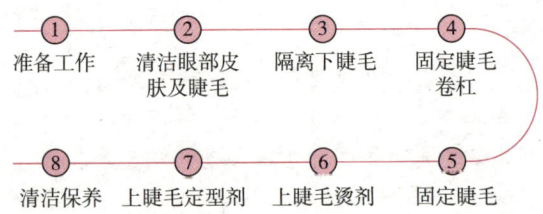

其中操作前的准备工作主要有如下五项：

（1）准备好烫睫毛用品、用具，检查睫毛固定胶、睫毛烫剂、睫毛定型剂、睫毛滋养霜等产品有效期，并对非一次性烫睫毛用具进行消毒。

（2）填写顾客资料，了解顾客的眼睛是否有过敏史，顾客皮肤的敏感度，顾客是否烫过睫毛，是否有烫睫毛过敏史。

（3）皮肤过敏测试，取少量睫毛烫剂涂于顾客手臂内侧，并用高密度薄膜盖住，等待10分钟左右。若顾客皮肤出现红肿、痒等过敏反应，请勿给顾客提供烫睫毛服务。

（4）根据顾客的眼形、睫毛状况及顾客的喜好，选择合适的睫毛卷杠型号，以达到顾客理想的烫睫毛效果。

（5）若顾客戴美瞳或隐形眼镜，需请其取下后再烫睫毛。

烫睫毛各步骤操作方法如下：

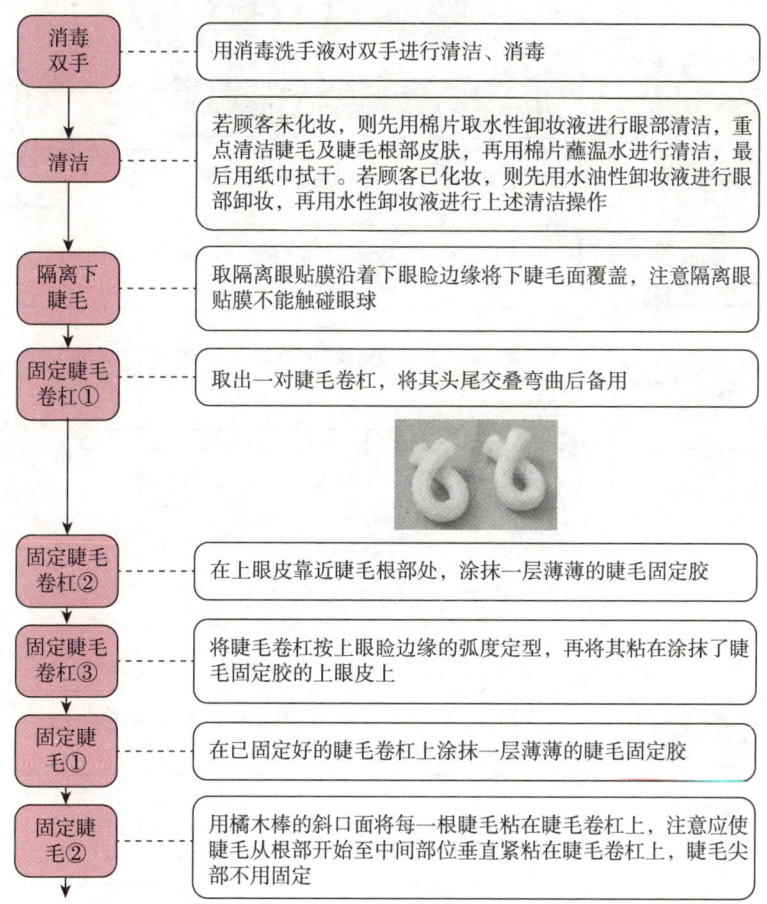

| 消毒双手 | 用消毒洗手液对双手进行清洁、消毒 |

| 清洁 | 若顾客未化妆，则先用棉片取水性卸妆液进行眼部清洁，重点清洁睫毛及睫毛根部皮肤，再用棉片蘸温水进行清洁，最后用纸巾拭干。若顾客已化妆，则先用水油性卸妆液进行眼部卸妆，再用水性卸妆液进行上述清洁操作 |

| 隔离下睫毛 | 取隔离眼贴膜沿着下眼睑边缘将下睫毛面覆盖，注意隔离眼贴膜不能触碰眼球 |

| 固定睫毛卷杠① | 取出一对睫毛卷杠，将其头尾交叠弯曲后备用 |

| 固定睫毛卷杠② | 在上眼皮靠近睫毛根部处，涂抹一层薄薄的睫毛固定胶 |

| 固定睫毛卷杠③ | 将睫毛卷杠按上眼睑边缘的弧度定型，再将其粘在涂抹了睫毛固定胶的上眼皮上 |

| 固定睫毛① | 在已固定好的睫毛卷杠上涂抹一层薄薄的睫毛固定胶 |

| 固定睫毛② | 用橘木棒的斜口面将每一根睫毛粘在睫毛卷杠上，注意应使睫毛从根部开始至中间部位垂直紧粘在睫毛卷杠上，睫毛尖部不用固定 |

美·容

步骤	说明
上睫毛烫剂①	打开睫毛烫剂产品的盖子,挤掉靠近瓶口、已氧化的第一滴睫毛烫剂
上睫毛烫剂②	用橘木棒的斜口面取适量睫毛烫剂,顺着睫毛生长的方向,将睫毛烫剂均匀地涂在固定好的睫毛中部和根部。涂根部时要涂得薄而均匀,且要离开皮肤2毫米
上睫毛烫剂③	用高密度薄膜盖住顾客的睫毛,再在顾客眼部盖上干巾,等待10~15分钟,具体时间根据产品使用要求确定
上睫毛烫剂④	取下毛巾和薄膜,用干棉签去除多余的睫毛烫剂
上睫毛定型剂①	用橘木棒或棉签取适量睫毛定型剂,顺着睫毛生长的方向,从睫毛根部向中间部位涂抹均匀
上睫毛定型剂②	将干净的高密度薄膜覆盖在顾客睫毛上,再盖上干毛巾,等待10~15分钟,具体时间根据产品使用要求确定。取下毛巾和薄膜
清洁和保养①	将棉签打湿,轻轻擦拭睫毛,去除多余产品
清洁和保养②	倒少许温水在棉片上,控干,将湿棉片覆盖在睫毛卷杠上约30秒,然后以轻柔的方式取下睫毛卷杠
清洁和保养③	用干净的湿棉片轻轻擦拭睫毛及眼部皮肤,做好清洁工作
清洁和保养④	将睫毛滋养霜刷在睫毛上,并梳理睫毛

注意事项

※ 在固定睫毛时,睫毛不能聚在一起,更不能东倒西歪,要顺直并均匀分散开。
※ 上睫毛烫剂时,注意不要将其涂抹到睫毛尖上,也不要将其涂抹到眼皮上,更不能接触顾客眼球。
※ 烫睫毛完毕后,应告诉顾客每日使用睫毛滋养霜,做好保养。

2. 烫睫毛的操作要求

(1)要熟练掌握烫睫毛用品、用具的使用。

(2)能帮助顾客选择合适的睫毛卷杠型号,睫毛卷杠放置的位置、睫毛固定的角度要正确规范。

(3)睫毛烫剂和睫毛定型剂的用量和用时要准确,具体应根据产品使用要求及顾客自身睫毛的粗细、软硬程度而定。

四、烫睫毛的禁忌与注意事项

1. 烫睫毛的禁忌

禁忌人群

(1)眼过敏或有过敏史的顾客不能烫睫毛。
(2)眼睛有疾病或术后1年之内的顾客不能烫睫毛。
(3)未成年人、孕妇、哺乳期女性,患有高血压、心脏病、癫痫等疾病的人,以及刚做过手术等体质虚弱者不适合烫睫毛。
(4)睫毛过于稀疏、短小的人不适合烫睫毛。

> **禁忌事项**
>
> （1）睫毛烫剂与睫毛定型剂不能碰到顾客皮肤或流进顾客眼睛。
> （2）睫毛烫剂与睫毛定型剂在睫毛上的停留时间不宜过长，以免睫毛受损。

2. 烫睫毛的注意事项

（1）在烫睫毛前，要给顾客做皮肤过敏测试。若顾客出现过敏反应，则不能烫睫毛；同时，做好卫生消毒工作，避免交叉感染。

（2）在使用睫毛烫剂与睫毛定型剂时，一定要小心，若其不慎进入眼睛，应尽快使用滴眼液或蒸馏水冲洗眼睛。

（3）叮嘱顾客烫睫毛后第二天方可进行汗蒸、桑拿等，否则会影响睫毛卷翘度。

（4）应向顾客说明：烫一次睫毛通常可维持3个月左右，但因部分睫毛会先衰老脱落，脱落部位重新生长的睫毛较直，会使整体睫毛显得凌乱。对追求完美的顾客，可建议其在一个半月左右再次烫睫毛。

学习单元三 美 甲

一、指甲结构

指甲位于指（趾）末端，大体来说由甲根、甲板、指甲前缘三部分组成，如图7-3所示。甲根是指甲伸入近端皮肤中的部分，位于皮肤下面，较为薄软，其作用是以新产生的指甲细胞推动老细胞向外生长，促进指甲的更新；

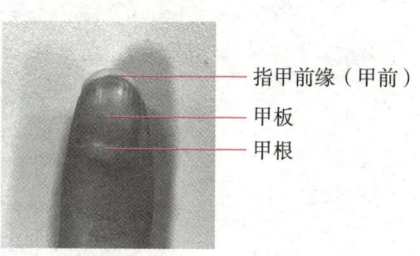

图7-3 指甲组成

甲板为指甲外露的部分，呈外凸的长方形，厚度为0.5～0.75毫米，甲床指甲板下的皮肤；指甲前缘为指甲长长后从甲床延伸出去的部分，因为甲前不含水分，所以不透明。

指甲及其周围结构如图7-4所示，具体说明如下：

● 甲母。甲母为甲根下的部分，含有毛细血管、淋巴管和神经，非常敏感。甲母是指甲生长的源泉，其受损就意味着指甲将停止生长或畸形生长。美甲时应极为小心，避免伤及甲母。

● 甲上皮。保护后甲皮，防止细菌和其他异物侵入。

● 甲上死皮。由甲上皮产生，是在指甲表面附着的角质。

● 甲半月。位于甲根与甲床的连接处，呈白色，半月形。其还决定指甲板的形状。

● 甲床。位于指甲的下面，含有大量的毛细血管和神经。由于含有毛细血管，所以甲床呈粉红色。

● 甲下皮。防止细菌等异物侵入指甲下面的皮肤部分。

● 甲沟。指沿指甲周围的皮肤凹陷之处。

● 甲壁。甲沟处的皮肤。

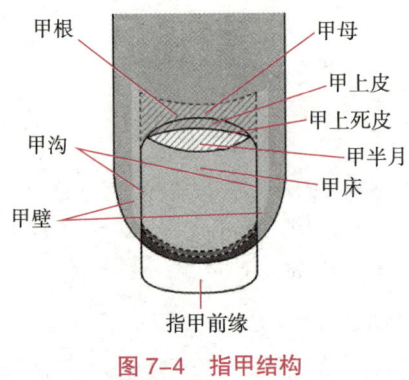

图 7-4 指甲结构

二、美甲用品、用具和设备

1. 美甲用品（见表 7-5）

表 7-5 美甲用品

名称	用途	图示
营养油	用于滋润指甲周围的皮肤，并且有助于去除破损的自然指甲，抛光水晶指甲	

续表

名称	用途	图示
底油	一般为透明或粉红色,在涂彩色指甲油前使用,可以增强彩色指甲油的附着力	
亮油	保护彩色指甲油,使其保持光泽	
彩色指甲油	给指甲上色	
洗甲水	各种美甲服务前去除自然指甲上的指甲油,分为含丙酮和不含丙酮两类	
指皮软化剂	涂抹于指甲后缘的指皮上,软化指皮,使之易于去除	

2. 美甲用具、设备（见表7-6）

表7-6 美甲用具、设备

名称	用途	示例图片
粉尘刷	用于手护理时清洁自然指甲，以及做水晶指甲时清除粉尘	
浸手碗	用于浸泡手指，使用的时候应加入温水和适量的护理浸液	
指甲刀	用于修剪所有类型指甲的长短或形状	
指甲锉	用来对真甲、假指甲、水晶甲或脚指甲的修边、修形和抛光等	
指皮推	用于推起指甲后缘处松弛的指皮	
指皮剪	用于剪去多余的指皮	

续表

名称	用途	示例图片
真甲砂条	用于打磨自然指甲前缘，使其更加光滑、平整，多使用 180 号及更大号数的砂条	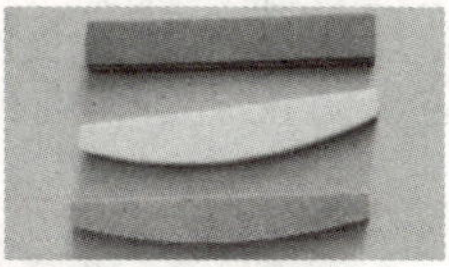
抛光条（海绵抛）	用于将指甲表面抛光，去除指甲表面的瑕疵和凹凸不平的部分，以便增加指甲的光泽度和亮度	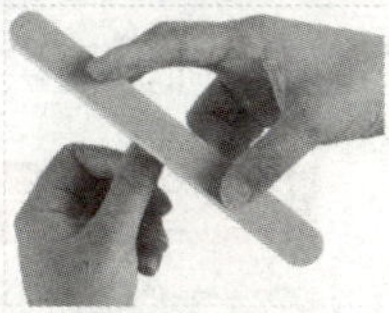
LED 照灯	用于照干甲油胶指甲和光疗甲指甲	

三、美甲准备工作

在正式进行美甲前，要做好相关准备工作，主要包括工具和设备检查、材料检查、工作区准备、了解顾客需求、手部清洁消毒等。

工具和设备检查

检查将要使用的美甲用具和设备，包括指甲钳、指甲锉、美甲剪、真甲砂条、海绵抛、粉尘刷、LED 照灯等。确保所有工具干净、卫生。

材料检查

确保美甲所需的各类材料，包括指甲油、基础涂层、顶层涂层、甲片、贴纸、水晶等都准备齐全,并确保所用材料没有过期。

▶ 工作区准备 ▶▶▶

清理工作台,消毒工具和工作台表面,保持工作区的整洁和卫生,防止细菌和病毒传播。

▶ 了解顾客需求 ▶▶▶

在开始美甲服务前,与顾客进行简短的交流,了解顾客的需求和喜好,确保提供符合顾客期望的服务。

▶ 手部清洁消毒 ▶▶▶

在正式进行操作前,美容岗位从业人员应先清洁自己的手部,并使用免洗消毒凝胶对手背、手心、指间、指尖等部位进行全面擦拭,再对顾客的手部进行清洁、消毒,以减少感染的风险。

四、真甲护理

1. 基础甲型修整

（1）方形指甲特点及修整步骤

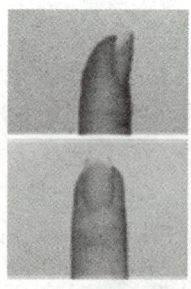

特点

方形指甲的前缘、侧边平直,且相互垂直,即两侧拐角呈直角。方形指甲最为坚固,也最为耐久。

方形指甲的修整步骤

步骤 1
在消毒指甲后,将真甲砂条平行置于顾客指甲前缘,进行单方向修整,使其平直。

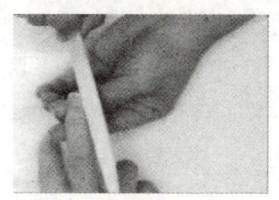

步骤 2
将真甲砂条垂直指甲前缘放置,从甲根向甲前单方向磨指甲一侧,另一侧用同样的方式修整。修整时要用拇指和食指将被修整指甲两侧的甲壁往下按压。

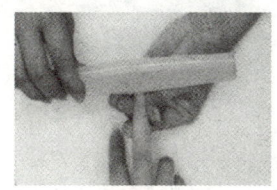

步骤 3
用海绵抛修平指甲前缘、两侧的毛边。

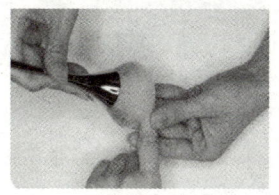

步骤 4
用粉尘刷清除甲屑。

步骤 5
用真甲砂条扫一下指甲前缘。

（2）方圆形指甲特点及修整步骤

特点

方圆形指甲前缘、侧边平直，两侧拐角呈弧形。

对于经常需要展示手指的顾客，如接待员或推销员，更愿选择稍长一些的顶端为方圆形的指甲，这种指甲最为时髦，也比较耐久。

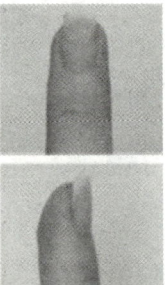

方圆形指甲的修整步骤

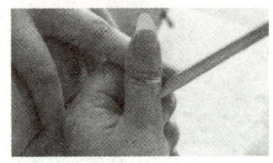

步骤1

在消毒指甲后，用真甲砂条平行于指甲前缘，从一面向另一面单方向打磨；再从反方向单方向打磨。

步骤2

用拇指和食指按压顾客的甲壁，打磨指甲两侧，使其成弧形，注意保持两侧弧度一致。

步骤3

用海绵抛修平指甲边缘的毛边。

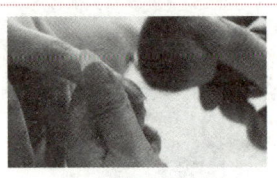

步骤4

用粉尘刷清除甲屑。

步骤5

用真甲砂条扫一下指甲前缘。

（3）圆形指甲特点及修整步骤

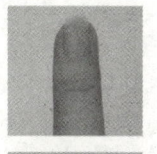

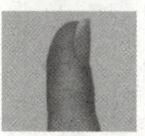

特点

圆形指甲的侧边呈直线，前缘为圆弧形，两侧拐角圆润自然。

圆形指甲适合于指甲短小可爱、不愿费心做造型而留指甲的人。

圆形指甲的修整步骤	
 **步骤1** 在消毒指甲后，用真甲砂条平行于指甲前缘，从一边向另一边单方向打磨，再从反方向单方向打磨，使指甲前缘平整。	 **步骤2** 确定中心点后，从指甲的两侧向中间打磨。确保打磨出来的指甲两侧的弧形一样。
 **步骤3** 用海绵抛抛光指甲边缘。	 **步骤4** 用粉尘刷清除甲屑。
 **步骤5** 用真甲砂条将指甲前缘扫一下。	

（4）椭圆形指甲特点及修整步骤

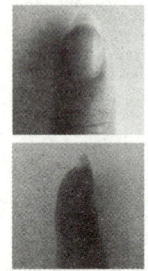

特点

椭圆形指甲的前缘为椭圆形，是一种较为自然和普遍的指甲形状，适合大多数人。

椭圆形指甲的修整步骤

步骤1

在消毒指甲后，用真甲砂条确定指甲两侧的分离点，从两边向中间的中心点打磨。

步骤2

用拇指和食指按压顾客指甲两侧的甲壁打磨指甲两侧。注意两侧的弧度要一致。

步骤3

用海绵抛修平指甲边缘的毛边。

步骤4

用粉尘刷清除甲屑。

步骤5

用真甲砂条将指甲边缘扫一下。

（5）尖形指甲特点及修整步骤

特点

指甲前缘为锥形，使指甲显得细长。指甲过大或者过小，以及手指比较粗壮的人都不太适合这种指甲。尖形甲多用于做水晶甲和艺术美甲等。

尖形指甲的修整步骤

步骤1

在消毒指甲后，确定指甲左、右两侧的分离点，用真甲砂条从两侧向中间中心点打磨。拇指和食指往下按压顾客指甲两侧的甲壁，打磨指甲两侧，注意指甲两侧的弧度要一致。

步骤2

用海绵抛修平指甲边缘的毛边。

步骤3

用粉尘刷清除甲屑。

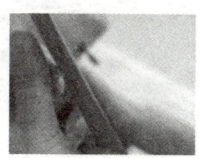

步骤4

用真甲砂条将指甲边缘扫一下。

美·容

注意事项

※ 指甲形状越方,越具有耐久性。
※ 尖状指甲极易断裂,在修整指甲时应提醒顾客注意。
※ 切勿过度打磨指甲的两边,以免造成断裂。

2. 真甲护理

真甲护理的基本流程为清洁消毒、卸除甲油胶(若有)、修型、去死皮、指缘营养、甲面抛光等。

操作步骤

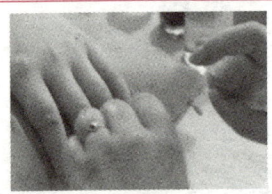

步骤1
用75%浓度的酒精给桌面、自己双手和顾客双手进行消毒。

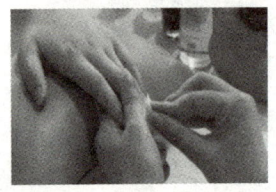

步骤2
用棉片蘸取洗甲水包裹住指甲表面,停留几秒后,用力向指尖方向擦拭。

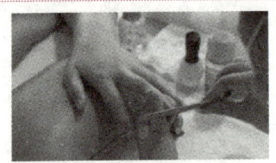

步骤3
用真甲砂条将顾客的指甲打磨成预定的形状,打磨的方法参照前面的基础甲型修整方法。

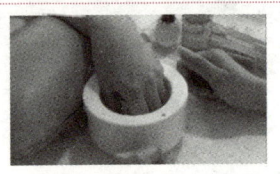

步骤4
在泡手碗里倒入温水,水面达到总高度2/3,将顾客的5个手指浸泡在泡手碗里,浸泡2~3分钟后取出,用毛巾将手擦干净。

操作步骤

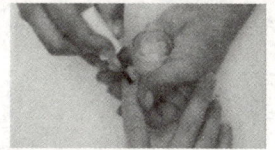

步骤 5
在甲上皮上涂上指皮软化剂。

步骤 6
用指皮推将甲上死皮推起、推松动，指皮推与指甲表面成45°角，动作要轻。

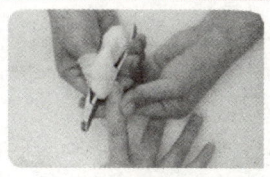

步骤 7
用无纺布将自己的右手拇指包起来，蘸取清水，擦拭甲上皮后缘。

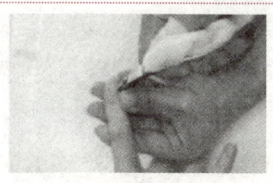

步骤 8
用指皮剪沿着甲弧的形状剪甲上皮。注意指皮剪的刀面要和指甲贴服。

步骤 9
将营养油涂在甲上皮上，然后用拇指按摩一下。

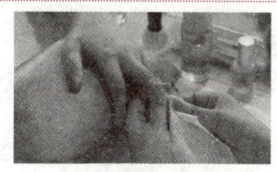

步骤 10
用纸巾吸去指甲表面多余的浮油。

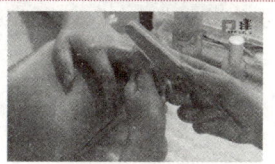

步骤 11
用海绵抛将指甲表面抛光。需要注意顺着指甲表面的弧度抛光。

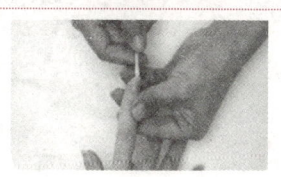

步骤 12
用橘木棒卷起一点棉球，蘸取清洁液，清洁指甲内侧。

> **注意事项**

※ 打磨指甲时从两边向中间打磨,切忌来回打磨;勿使用型号小于 180 号的砂条打磨自然指甲,以免损伤指甲。

※ 勿在干燥的指甲上用指皮推推甲上皮,以免造成指甲表面角质层剥落,使指甲变得凹凸不平。推甲上皮时切忌用力过猛。

※ 剪甲上死皮时,必须剪断甲上死皮后,再提起指皮剪,以免拉伤皮肤。同时,应准备消毒杀菌液,如不小心误伤顾客皮肤,可以及时处理伤口,以免感染。

※ 不要对自然指甲过分打磨,因为由此产生的摩擦热有可能导致指甲脱落。

※ 清洁指甲内侧时,勿用力触碰指心部分,以免造成指甲萎缩。对于分离线部位敏感的顾客,可以用超声波洗甲机为其清洗甲前。

五、涂抹指甲油

1. 指甲油的选择(见表 7-7)

表 7-7 指甲油的选择

类别	功能	选择标准
底油	增强指甲油的附着力,防止彩色指甲油色素沉着,保护真甲	涂抹后效果亮泽、质地细腻、不易脱落
彩色指甲油	使指甲呈现各种颜色和纹理,起到美化指甲的作用	黏稠度适中、光泽度高、质地细腻、易干
亮油	保护彩色指甲油,使其保持光泽	黏稠度适中、光泽度高、气味纯正、易干

> **注意事项**
>
> 在选择彩色指甲油时,除了考虑其质地外,还应考虑季节特点、顾客肤色,以及顾客服装的款式、颜色、图案等因素。但最重要的是,征求顾客的意见,以顾客喜好为主。

2. 指甲油的涂抹

（1）指甲油的涂抹方法（见图 7-5）

1）舔刷。将指甲油刷从指甲油瓶里拿出时,在指甲油瓶口刮一下,以保证每次指甲油刷上的指甲油量大致相等。

2）聚滴。指甲油刷离开瓶口后,稍停留,使指甲油聚集到刷头部。

3）涂抹。分三笔涂抹,第一笔涂中间、第二笔涂左边、第三笔涂右边。

 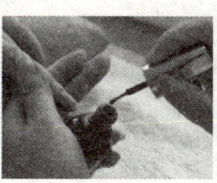 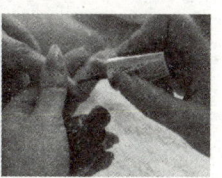

a）舔刷　　b）聚滴　　c）涂抹

图 7-5　指甲油的涂抹

扫码看视频　　涂指甲油的方法

美·容

（2）操作步骤

涂抹指甲油的操作步骤	
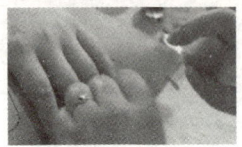 步骤1　消毒 用75%浓度酒精消毒客人和自己的双手。	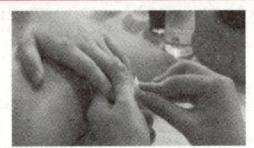 步骤2　擦拭甲面 在指甲护理结束后，用棉片蘸取甲面清洁液擦拭甲面，去除指甲上多余的水分和油分。
 步骤3　涂抹底油 先用底油涂抹指甲前缘，进行包边（包边的目的是防止固化的甲油从指甲前端起翘）。再将底油按"先中间、后两侧"的原则均匀地涂抹于整个甲面，晾干。	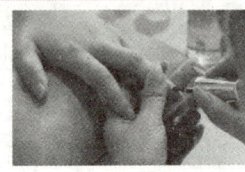 步骤4　涂抹彩色指甲油① 以红色指甲油为例，先用红色指甲油给指甲前缘包边。再将红色指甲油按"先中间、后两侧"的原则均匀地涂抹于整个甲面，涂到距后缘一根头发丝的距离。
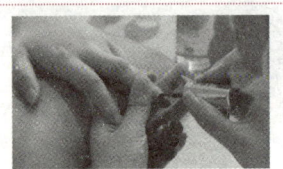 步骤5　涂抹彩色指甲油② 稍干后，再用相同的方法涂第二遍，增加彩色指甲油的饱和度。	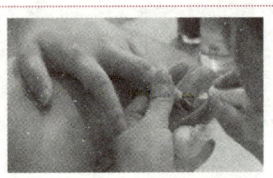 步骤6　涂抹亮油 待干后，先用亮油给指甲前缘包边，再用亮油涂抹整个甲面，晾干。

注意事项

※ 在取指甲油时，要根据顾客指甲的大小决定蘸取的量。
※ 为顾客涂指甲油时，动作要平稳、娴熟，手不能发抖。
※ 在涂抹底油时，如果顾客的指甲较长，舔刷的时候用力要轻柔。如果顾客的指甲较短，舔刷的时候用力要重。